**工业设计系列培训教程**

U0186924

# KeyShot

## 渲染宝典

沈应龙　编著

机械工业出版社

KeyShot（The Key to Amazing Shots）是一个互动性的光线追踪与全局光照渲染软件，不需要复杂的设定即可产生照片般真实的 3D 渲染图像。本书主要从界面基础、用户自定义设置、各面板参数、高级材质节点编辑、灯光打光方式、案例讲解、动画类型向导等方面，阐述 KeyShot 的操作技巧和专业性的经验心得，使读者快速掌握 KeyShot 渲染技能。

本书可作为工业设计人员渲染参考用书，也可作为相关培训机构和本科院校、职业院校工程设计专业师生的教学用书。

**图书在版编目（CIP）数据**

KeyShot渲染宝典 / 沈应龙编著. —北京：机械工业出版社，2020. 6（2025.2重印）
工业设计系列培训教程
ISBN 978-7-111-66766-7

Ⅰ. ①K… Ⅱ. ①沈… Ⅲ. ①工业产品—造型设计—计算机辅助设计—应用软件—教材 Ⅳ. ①TB472—39

中国版本图书馆CIP数据核字（2020）第196140号

机械工业出版社（北京市百万庄大街22号 邮政编码100037）
策划编辑：陈玉芝　　　　　　责任编辑：陈玉芝
责任校对：张　力　潘　蕊　封面设计：张　静
责任印制：常天培
固安县铭成印刷有限公司印刷
2025年2月第1版第7次印刷
184mm×260mm·17印张·418千字
标准书号：ISBN 978-7-111-66766-7
定价：79.00元

| 电话服务 | 网络服务 |
| --- | --- |
| 客服电话：010-88361066 | 机 工 官 网：www.cmpbook.com |
| 　　　　　010-88379833 | 机 工 官 博：weibo.com/cmp1952 |
| 　　　　　010-68326294 | 金 书 网：www.golden-book.com |
| **封底无防伪标均为盗版** | 机工教育服务网：www.cmpedu.com |

# 前 言

 KeyShot 是一个互动性的光线追踪与全局光照渲染软件，不需要复杂的设定即可产生照片般真实的 3D 渲染图像。Luxion KeyShot（前身为 HyperShot）是基于 LuxRender 开发的。

 LuxRender 是一种基于物理的无偏差的开源渲染引擎，是一种基于先进引擎技术水平的算法。LuxRender 根据物理方程模拟光线流，因此能产生逼真的图像和高品质的照片。

 KeyShot 版本从 1.x 发展更新到现在，快速占领工业设计的渲染市场份额，从高校到设计公司及企业，产品设计师都在用它表现最终的创意提案，可想其发展速度有多快。然而，几年时间过去了，国内并没有看到系统地介绍 KeyShot 功能和高级渲染技能的书籍，因此卓尔谟教育学院在 2018 年初着手计划编写一本从零基础到高级渲染的 KeyShot 教程，面向所有使用 KeyShot 软件的用户或跨领域的爱好者。本书从界面基础、用户自定义设置、各面板参数、高级材质节点编辑、灯光打光方式、案例讲解、动画类型向导等方面，阐述 KeyShot 的操作技巧和专业性的经验心得，让读者快速提升为 KeyShot 渲染高手。

 **1. 关于随书资源素材文件**

 本书资源素材内附的模型档案、材质图片和贴图、KeyShot 保存文档，仅供本书读者作为练习使用的范例，不得复制、散播以及转售于他人，否则将追究法律责任！

 **2. 关于软件版本介绍（请自行从官网下载软件并安装）**

 本书所使用软件版本：

 Rhino5-SR14 犀牛 5.14 版本，犀牛 5 以下的版本会打不开 *.3dm 文档内容。

 KeyShot7.4 版本，KeyShot7 以下的版本会打不开 *.bip 文档内容。

 HDR Light Studio 5.5 版本（打光软件最新版本）。

 Photoshop CC2017 版本后期处理自行下载安装即可。

 **3. 关于 KeyShot 模式（测试阶段）**

 如果需要开启测试功能，请用记事本打开 KeyShot7Settings.xml 修改代码 <experimental_features bool="true"/> 即可。

 为了方便读者按照本书章节顺序系统地学习和练习，资源内容按照章节顺序每一章每一节做好打包范例，同时给读者额外提供了一些其他的资源文档，比如免费的官方场景资源、免费的 HDRI 灯光环境资源、免费的贴图纹理素材资源和免费的中文材质资源等，可关注后面"机械工人之家"微信公众号，回复"渲染宝典"下载相关资源。

 （1）场景文件资源—包含 KSP 打包场景，内含模型数据、贴图参数、灯光环境、出图设置等。

 （2）环境文件资源—包含 HDRI 灯光文件，可以供任何渲染器做图像照明等。

（3）贴图文件资源—包含 4K~8K 的高清材质所需的反射或粗糙度的纹理贴图等。

（4）材质文件资源—包含 10GB 中文 KeyShot 材质库和光域网文件等。

（5）章节文件资源—包含本书各章节范例所需资源文档等（有些章节不需范例文件则未提供）。

（6）动画文件资源—包含动画欣赏视频和网页虚拟交互动画等。

由于编者水平有限，书中难免存在 不足之处，恳请广大读者批评指正。

大国技能

关注本微信公众号
回复"渲染宝典"下载相关资源

编　者

# | 目　录

# 01 | 第1章 入门

## 1.1 前期准备

### 1.1.1 系统要求

KeyShot 不需要任何特殊的硬件或图形卡，就能充分调用计算机内部的所有内核和线程。随着计算机功能的增强，KeyShot 的速度更快。其性能与计算机系统中的内核和线程数成线性比例关系。

在开始前，您需要做好以下准备。

| 计算机 |  Windows |  Apple OS X |
|---|---|---|
| 1. 3 键鼠标 | 1. 英特尔奔腾 4 以上 | 1. Mac OS X 10.8 或更高版本 |
| 2. 最小 2GB 内存 | 2. AMD 处理器 | 2. 基于英特尔的 Mac |
| 3. 最小 2GB 硬盘空间 | 3. Windows 7、8 或 10，64 位 | 3. Core2Duo 或更高版本 |
| 4. 1024×768 或更高分辨率的屏幕 | 4. OpenGL 2.x 或更高版本 | |

**建议：**

我们在教学过程中，经常会遇到很多学员或网友咨询在购买或配置新计算机的时候如何选购配置才能满足需求。对此，我们一般会给大家一个建议：在选购计算机时主要考虑四个方面的因素，一是处理器，一般可以选择 i7 或至强 E 系列处理器，处理器主频和核心数越高越好，不管对建模或渲染都是最重要的；二是计算机内存，影响同时打开软件数和大模型数据的导入，影响内存溢出，建议 8GB~16GB 内存或更高；三是图形显卡，影响建模图形显示和渲染的特效或渲染速度，推荐英伟达游戏显卡 GTX1050ti 以上，如果涉及一些 GPU 渲染器，则建议选购英伟达游戏显卡 GTX1070 或更高或多路交火，渲染速度会成倍提高；四是散热模块，有时计算机散热模具做得不好会导致硬件过热，蓝屏或自动关机，所以散热也非常重要，特别是笔记本计算机，台式计算机散热有风冷或水冷，加上机箱大，散热还好点儿，但是笔记本计算机建议还是选专业做游戏机的品牌，我们推荐学员选购性价比高的微星 MSI 品牌或外星人品牌等，其散热效果很好。

## 1.1.2 安装过程

### 安装 KeyShot (图 1-1)

安装过程以 KeyShot 9 为例。

1. 打 开 www.keyshot.com/resources/
   downloads/ 网站，下载 Full Installer
   完整的安装包，如图 1-2 所示。

2. 在下载好的安装包文件上右击，然
   后单击"以管理员身份运行"如
   图 1-3 所示。

3. 单击"Next"按钮，如图 1-4 所示。

4. 单击"I Agree"按钮同意授权条
   款，如图 1-5 所示。

图 1-1

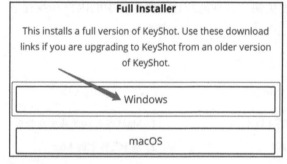

图 1-2

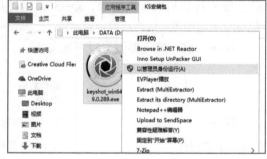

图 1-3

图 1-4

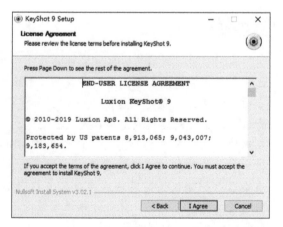

图 1-5

5. 如图 1-6 所示，选中第一项选择所有使用该计算机的用户（切记），然后单击 "Next" 按钮进入下一步。

6. 如图 1-7 所示，选择主程序安装路径，默认路径即可（不能有中文路径），并复制该路径，单击 "Next" 按钮进入下一步。

7. 图 1-8 所示为安装资源库路径，粘贴上一步的路径并把 c 盘改为 d 盘（如果系统只有一个 c 盘就不用改成其他盘），单击 "Install" 按钮。

8. 如图 1-9 所示，取消 "Run KeyShot 9" 复选框选中状态，然后单击 "Finish" 按钮完成安装。

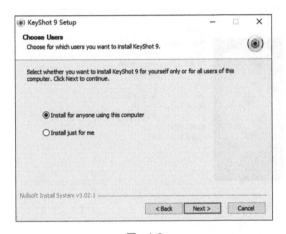

图　1-6

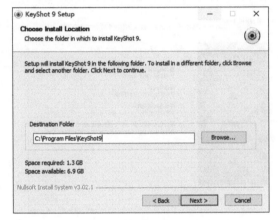

图　1-7

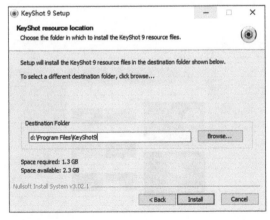

图　1-8

图　1-9

注册激活 KeyShot

9. 如图 1-10 所示，运行桌面的 KeyShot 图标弹出注册激活界面，选中"试用带水印输出的 15 天演示许可证"选项，再单击"下一步"。

10. 如图 1-11 所示，填写注册信息内容，然后单击"下一步"按钮。

11. 如图 1-12 所示，激活成功，已授权许可证。

12. 如图 1-13 所示，打开 KeyShot9 运行界面，可以使用该软件了。

图 1-10

图 1-11

图 1-12

图 1-13

### 1.1.3　快速入门

KeyShot 到底有多简单？

　　KeyShot 基于拖放的工作流程可在几分钟内渲染图像。通过许多高级功能和即时实时反馈的简单界面，可以在专注于设计的同时节省时间。

　　KeyShot 是最快和最容易使用 3D 渲染和动画的软件。只需几步，就可以从 3D 模型中创建令人惊叹的图像，可以在整个产品开发过程中使用，以便做出设计决策，并快速创建客户、制造或市场营销概念的变体。

第 1 步：导入 3D 模型

　　如图 1-14 所示，启动 KeyShot，通过菜单中的文件 > 导入，导入 3D 模型。KeyShot 支持 20 多种 3D 文件格式，包括 SketchUp、SolidWorks、Solid Edge、Pro/ENGINEER、PTC Creo、Rhinoceros、Maya、3ds Max、IGES、STEP、OBJ、3ds、Collada 和 FBX。KeyShot 还有许多具有更多功能的插件，包括 KeyShot BIP 导出和实时更新对接（LiveLinking）。

图　1-14

第 2 步：赋予材质给 3D 模型

　　如图 1-15 所示，在左侧资源库窗口中，选择"材质"选项卡。只需在实时视图中将它们拖放到模型上，即可从材质库中应用 600 多种材料。在当前照明条件下，模型会立即以精确的颜色和光照显示。

图　1-15

第 3 步：选择合适的环境

　　如图 1-16 所示，选择左侧的"资源环境"选项卡，将室内、室外或工作室照明环境（HDRI）拖放到场景中，将立即看到真实世界照明的变化，以及它是如何影响颜色、材质和饰面外观的。

图　1-16

第 4 步：调整相机

如图 1-17 所示，使用鼠标调整相机。在右侧"项目">"照相机"选项卡中提供了其他设置。调整角度和距离，通过焦距和视野设置控制视角，并轻松地将景深添加到场景中。

图　1-17

第 5 步：享受照片级效果

在主工具栏上单击"渲染"，使用默认设置或调整输出选项。单击"渲染"按钮，可以观看图像效果。

从开始到结束，简单的 5 步过程，就快速、轻松地实时创建出令人难以置信的图像，如图 1-18 所示。

图　1-18

# 1.2　用户界面

## 1.2.1　主菜单栏

"文件"下拉菜单（图 1-19）

1. 新建
打开一个新的空白 KeyShot 场景。
2. 导入
将 3D 文件导入到打开的或新的场景中。
3. 打开
打开 KeyShot 场景，或打开导入面板。
4. 打开最近项目
列出最近保存的 10 个 KeyShot 场景文件供快速打开。
5. 保存
将当前打开的场景保存在 KeyShot（.bip）中。

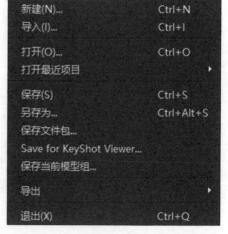

图　1-19

6. 另存为

将当前场景重命名保存在 Keyshot（.bip）中。

7. 保存文件包

保存 KeyShot 包（.ksp），其中包含给定场景中使用的模型、材质、环境、纹理、相机和背板。在不同计算机之间共享或移动场景时，此保存方法非常重要。

8. Save for KeyShot Viewer

保存当前 KeyShot 场景为可供外部查看器观察的场景文件。

9. 保存当前模型组

仅保存 KeyShot 场景显示的模型集（由用户设置的不同模型组合状态或不同状态的模型显示），以便与非 Pro 用户（非 pro 专业版的 KeyShot 授权用户）共享模型集。

10. 导出

如图 1-20 所示，导出 KeyShot 场景文件为 OBJ、FBX、STL、ZPR 等文件格式。导出至 KeyShot 6...（测试阶段）可以由 KeyShot7 高版本导出 KeyShot6 低版本场景文件。

图　1-20

11. 退出

退出并关闭 KeyShot 软件。

"编辑"下拉菜单（图 1-21）

1. 撤销

撤销上一步动作。

2. 重做

重做上一步动作。

3. 添加几何图形

添加预设几何模型，还可以将常用模型放入 KeyShot 资源目录中的"Models"文件夹中。

4. 编辑几何图形

打开几何编辑器，可以对 KeyShot 场景里的模型进行拆分、合并等操作。

5. 清除几何图形

删除场景所有几何模型但保留其他所有参数。

6. 设置场景单位

设置场景文件单位（米、厘米、毫米、英寸、英尺）。

7. 首选项

KeyShot 偏好设置，可以根据自己的使用习惯对软件界面属性等进行调整。

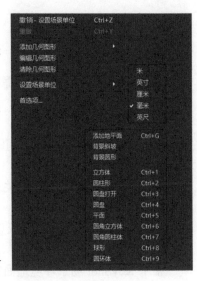

图　1-21

## "首选项"面板

自定义"首选项"面板如图 1-22 所示。

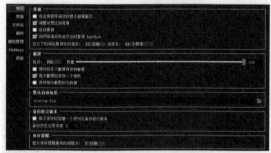

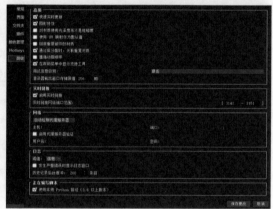

图 1-22

## "环境"下拉菜单（图 1-23）

**1. 背景**

设置 KeyShot 场景的背景（照明环境、颜色、背景图像）。

**2. 地面阴影**

KeyShot 场景环境的地面阴影开关。

**3. 地面遮挡阴影**

地面 AO 环境闭塞阴影开关。

**4. 地面反射**

KeyShot 场景环境的地面反射开关。

**5. 整平地面**

整平 KeyShot 场景环境地面的开关。

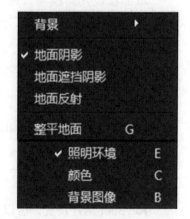

图 1-23

"照明预设"下拉菜单（图1-24）

1. 性能模式

KeyShot 场景中性能模式的开关。

2. 基本、产品、室内、珠宝、自定义

选择适合自己场景的预设照明参数，或者自己设置自定义照明参数。

3. 细化阴影、全局照明、地面间接照明、焦散线、室内模式

更多的照明预设参数设置开关切换。

图 1-24

"相机"下拉菜单（图1-25）

1. 相机

选择一个已保存的相机，显示已保存相机列表。

2. 锁定相机

锁定当前 KeyShot 实时视图相机角度。

3. 添加相机

添加当前 KeyShot 相机视角保存到相机列表。

4. 翻滚、平移、推移

移动鼠标左键可实现相机角度转动，中键进行平移，滚轮进行缩放，Alt+ 右键滑动推移镜头。

5. 视角、正交、位移、全景

相机镜头切换设置（正交是正视图模式，无透视）。

6. 标准视图

从预设的正交相机视图中选择不同的视图方式。

7. 保持在地面以上

保持相机视角锁定在地面水平线以上。

8. 网格

打开构图网格（三分之一九宫格）。

9. 地面网格

打开地面与背景透视网格，搭配匹配视角。

10. 匹配背景视角

将模型透视角度与背景图像视角匹配。

11. 行走模式

行走模式开关。

12. 启用 VR

打开 VR 模式（需要 VR 眼镜等设备接入）。

13. 自适应性能模式

当从相机菜单启用时，性能密集型设置将在 FPS 降至 20

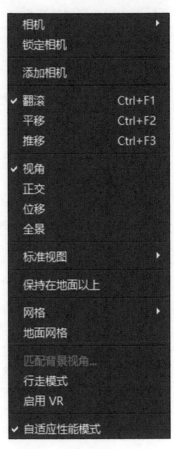

图 1-25

以下时自动关闭，以提供更流畅的实时体验。当释放鼠标时，设置将再次打开。

"图像"下拉菜单（图1-26）

    1. 分辨率预设

常用分辨率预设。

    2. 锁定纵横比

锁定当前画面的纵横比。

    3. 锁定分辨率

锁定当前画面的分辨率。

图 1-26

"渲染"下拉菜单（图1-27）

    1. 暂停实时渲染

暂停窗口实时采样。

    2. 渲染 NURBS

渲染 NURBS 数据开关，对 NURBS 模型进行光滑渲染。

    3. 运动模糊

开启运动模糊的开关。

    4. 保存截屏

保存当前窗口截屏。

    5. 添加到 Monitor

添加到 Monitor 渲染队列。

    6. 渲染

打开渲染选项窗口。

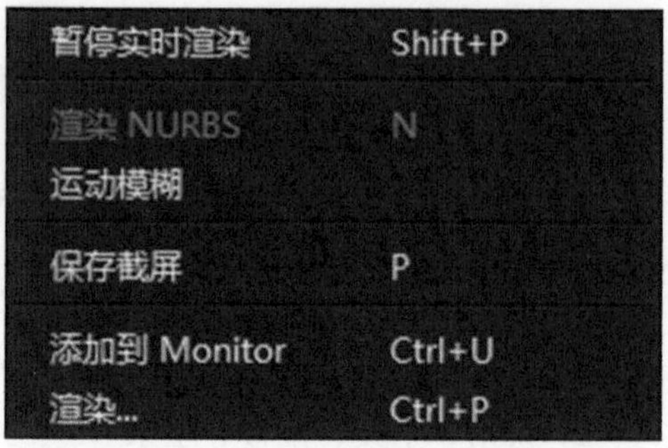

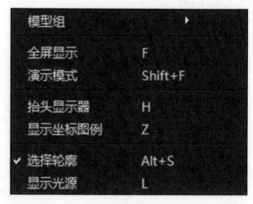

图 1-27

"查看"下拉菜单（图1-28）

    1. 模型组

打开模型组列表，供快速选择模型组。

    2. 全屏显示

全屏显示的开关。

    3. 演示模式

演示模式的开关。

    4. 抬头显示器

抬头显示器的开关（包括帧采样、时间、以及渲染中的三角形或 NURBS 数量、分辨率、当前相机焦距等）。

    5. 显示坐标图例

坐标图例的开关。

图 1-28

6. 选择轮廓

选择轮廓的开关。

7. 显示光源

光源物件在实时视窗显示的开关。

"窗口"下拉菜单（图1-29）

1. 工具栏

隐藏或显示工具栏。

2. 常用功能

隐藏或显示顶部浮动工具栏常用功能。

3. 云库

在默认浏览器中打开云库。

4. 库

隐藏或显示 KeyShot 界面左侧的资源库面板。

5. 项目

隐藏或显示右侧的"项目"选项卡。

6. 动画

隐藏或显示动画时间轴窗口。

7. KeyShotXR

打开 KeyShotXR 网页交互向导。

8. 几何视图

隐藏或显示几何视图。

9. 材质模板

隐藏或显示材质模板。

10. 工作室

隐藏或显示工作室向导窗口。

11. 配置程序向导

打开配置程序向导。

12. 脚本控制台

打开脚本控制台。

13. 启用停驻模式

让面板窗口吸附或不吸附到边界。

14. 停驻窗口

让所有窗口自动吸附到边界。

15. 恢复选项卡

还原默认值。

16. 样式表编辑器

自定义修改背景颜色、字体大小等。

图 1-29

"帮助"下拉菜单（图 1-30）

1. 帮助
用于快速向软件官方人员求助解决常见问题，进行疑难解答等。

2. 手册
加载 KeyShot 在线手册。

3. 热键概览
打开热键参考表。

4. 欢迎对话框
打开 KeyShot 欢迎对话框。

5. 学习
打开 KeyShot 学习的教程、在线研讨会和快速提示。

6. 注册许可证
打开 KeyShot 许可证登记窗口。

7. 激活 KeyShotXR
激活 KeyShotXR 网页动态交互。

8. 在这台计算机上取消激活许可证
停用这台计算机上的许可证。

9. 显示许可证信息
显示版本和 KeyShot 激活许可证。

10. 免责声明
免责声明。

11. 检查更新
检查 KeyShot 最新版本。

12. 日志
打开错误日志窗口。

13. 关于
显示关于 KeyShot 版本号、链接、免责声明等的窗口。

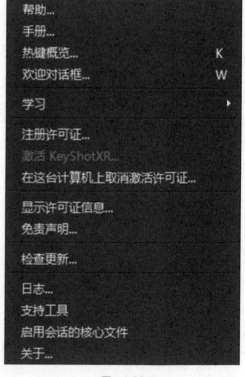

图 1-30

## 1.2.2 工具栏

顶部纽带功能区工具栏（图 1-31）

功能区可快速访问 KeyShot 中常用的设置、工具、命令和窗口。

图 1-31

1. 工作区

选择一个预设的工作界面或创建自己界面的配置，选择深色或浅色的主题界面。

2. CPU 使用量

选择核心数量用于实时窗口渲染。

3. 暂停

暂停窗口实时渲染。

4. 性能模式

切换到实时渲染设置更快的低性能模式。

5. 渲染 NURBS

使用 NURBS 数据在实时渲染窗口中呈现。

6. 区域

编辑渲染区域。

7. 移动工具

启用移动工具和操作轴显示向导。

8. 翻滚

选择默认鼠标左键为旋转相机。

9. 平移

选择默认鼠标左键为平移相机。

10. 推移

选择默认鼠标左键为前后推移相机。

11. 视角

快速调整当前相机的角度值。

12. 添加相机

使用当前的位置添加新相机保存相机列表。

13. 锁定相机

锁定当前相机的属性。

14. 工作室

显示或隐藏工作室窗口。

15. 几何视图

显示或隐藏几何视图窗口。

16. 配置程序向导

打开配置向导。

底部工具栏（图1-32）

图 1-32

1. 云库

打开在线云端，共享和下载所有资源库。

2. 导入

导入 3D 模型文件或打开一个新的场景。

3. 库

打开左侧本地资源库窗口。

4. 项目

打开右侧项目参数窗口。

5. 动画

打开动画时间轴和动画向导属性窗口。

6. KeyShotXR

打开"KeyShotXR 向导"选项卡。

7. 渲染

打开最终渲染参数窗口。

8. 截屏

保存实时视图预览截屏。

### 1.2.3 资源库面板

**"材质库"面板**（图1-33）

    1. 搜索
搜索各种类型的材质名称。

    2. 添加文件夹
单击此按钮，添加自定义文件夹材质。

    3. 导入
导入 KMP 材质文件。

    4. 刷新
更新改变过的材质列表。

    5. 文件夹树
材质文件夹分类。

    6. 材质预览窗口
材质球展示，供选择材质时参考。

    7. 切换缩略图或列表
切换材质的展示方式是列表还是缩略图。

    8. 预览尺寸调节按钮
调整材质预览图大小。

    9. 上传到云库
将现有材质上传到云库。

    10. 导出
导出材质 KMP 文件。

**"颜色库"面板**（图1-34）

    1. 搜索
搜索各种类型的颜色名称。

    2. 添加文件夹
单击此按钮，添加自定义颜色文件夹。

    3. 导入
导入 CSV、KCP 文件或颜色。

    4. 刷新
更新改变过的颜色列表。

    5. 颜色搜索
用颜色选择器来搜索匹配最接近的颜色。

    6. 文件夹树
包含资源库里的各类色卡、色彩库。

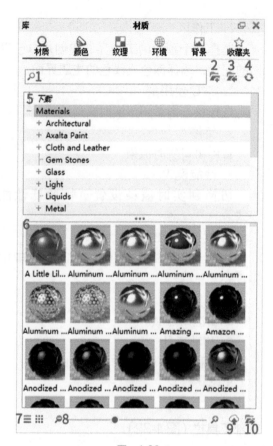

图 1-33

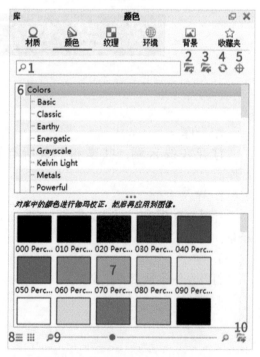

图 1-34

7. 色卡预览窗口

颜色展示，供选择材质时参考。

8. 切换缩略图或列表

切换颜色的展示方式是列表还是缩略图。

9. 预览尺寸调节按钮

调整颜色预览图大小。

10. 导出

导出颜色的 KCP 文件。

"纹理库"面板（图 1-35）

1. 搜索

搜索各种类型的纹理名称。

2. 添加文件夹

单击此按钮，添加自定义纹理文件夹。

3. 导入

导入纹理贴图。

4. 刷新

更新改变过的纹理贴图列表。

5. 文件夹树

包含资源库里的贴图分类。

6. 纹理贴图预览窗口

贴图信息展示，供材质选择参考。

7. 切换缩略图或列表

切换纹理贴图的展示方式是列表还是缩略图。

8. 预览尺寸调节按钮

调整纹理预览图大小。

9. 上传

上传贴图文件到云库。

10. 导出

导出贴图图片文件。

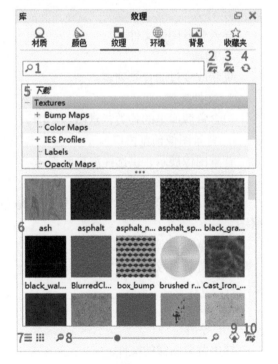

图　1-35

"环境库"面板（图 1-36）

1. 搜索

搜索各种类型的环境名称。

2. 添加文件夹

单击此按钮，添加自定义环境文件夹。

3. 导入

导入 HDR、EXR、DDS 等文件。

**4. 刷新**

更新改变过的环境列表。

**5. 文件夹树**

包含资源库里的各类环境贴图。

**6. 环境贴图预览窗口**

环境贴图展示，供环境选择参考。

**7. 切换缩略图或列表**

切换环境贴图的展示方式是列表还是缩略图。

**8. 预览尺寸调节按钮**

调整环境贴图预览图大小。

**9. 上传**

上传到云库。

**10. 导出**

导出环境的文件。

"背景库"面板（图1-37）

**1. 搜索**

搜索各种类型的背景图名称。

**2. 添加文件夹**

单击此按钮，添加自定义背景文件夹。

**3. 导入**

导入背景图像文件。

**4. 刷新**

更新改变过的背景列表。

**5. 文件夹树**

包含资源库里的各类背景图像贴图。

**6. 背景图像预览窗口**

背景图像展示，供选择渲染时参考。

**7. 切换缩略图或列表**

切换背景图像的展示方式是列表还是缩略图。

**8. 预览尺寸调节按钮**

调整背景图像预览图大小。

**9. 上传**

上传到云库。

**10. 导出**

导出背景图像的文件。

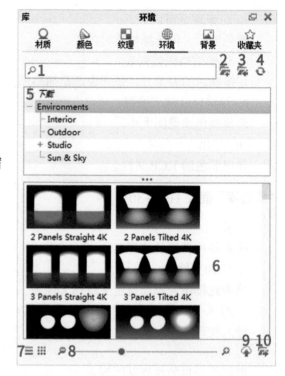

图 1-36

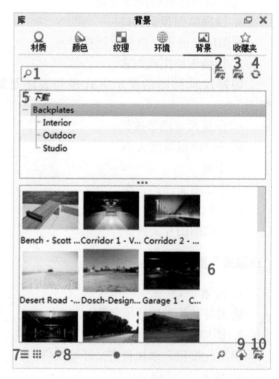

图 1-37

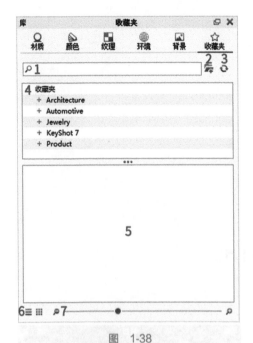

图　1-38

"收藏夹库"面板（图1-38）

1. 搜索
搜索各种类型的资源名称。
2. 添加文件夹
单击此按钮，添加自定义收藏夹文件夹。
3. 刷新
更新改变过的收藏夹列表。
4. 文件夹树
包含资源库里的各类环境、材质、颜色、纹理、背景。
5. 收藏夹预览窗口
收藏夹预览展示。

6. 切换缩略图或列表
切换收藏夹的展示方式是列表还是缩略图。
7. 预览尺寸调节按钮
调整收藏夹预览图大小。

## 1.2.4　项目面板

项目面板包含场景中所有内容设置和各选项设置，分为六个选项卡：场景、材质、环境、照明、相机和图像。用空格键显示/隐藏项目窗口。

"场景"选项卡（图1-39）

"场景"选项卡包含场景中的所有项目：模型、相机、场景集。
1. 添加模型组
添加不同方式的模型场景组合。
2. 模型树
展开或收纳模型树，单击右键对模型参数进行编辑。
3. 相机列表
当前场景包含的所有相机，单击右键对相机参数进行编辑。
4. 属性
包含当前场景模型属性和相机属性。

图　1-39

5. 位置

针对模型移动、旋转、缩放位置。

6. 材质

当前场景中模型已拥有的材质。

7. 编辑材质

选取部件编辑材质属性。

8. 解除链接材质

分离相同材质的部件。

9. 渲染层

针对部件单独的渲染层通道进行后期编辑。

10. 重新镶嵌

针对 NURBS 数据模型重新细分网格精度，提高平滑度。

11. 圆边

针对模型边缘模拟渲染倒角。

12. 移动工具

调整模型部件位置，移动、旋转、缩放、复制位置等。

"材质"选项卡（图1-40）

"材质"选项卡可以编辑材质的属性，例如更改粗糙度，添加纹理或标签。纹理图标■表示可以应用纹理的设置。

1. 材质名称

命名材质名称用于区分材质。

2. 保存材质

把当前编辑的材质保存到本地库中。

3. 材质预览

材质预览区域，可拖放到"场景树"或"实时"视图中的对象上。

4. 材质图

打开材质节点编辑器对话框。

5. 多层材质

打开多层材质列表可切换不同材质。

6. 材质类型

下拉切换不同材质类型属性。

7. 属性

材质属性面板。

8. 纹理

材质贴图纹理面板。

图 1-40

9. 标签

材质标签面板。

10. 材质参数区

材质编辑参数区域。

11. 预览类型

列表、图标和材质树三种类型。

12. 缩放滑块

放大、缩小材质，预览大小。

13. 过滤器

筛选材质列表显示的内容。

"环境"选项卡（图 1-41）

　　"环境"选项卡位于项目窗口中，可以在其中添加和编辑场景的 HDR 照明以及背景和地面属性。

　　1. 多层环境列表

　　复制添加新环境、添加环境和相机工作室、删除环境。

　　2. 环境预览

　　预览当前环境灯光刷新效果。

　　3. "设置"面板

　　灯光环境 .hdr/.hdz/.exr 浏览加载和刷新。

　　调节亮度和对比度。

　　转换环境半径大小及高度位置和旋转环境灯光角度。

　　背景显示方式：环境背景、单一颜色和图像背景。

　　地面设置参数等。

　　4. "HDRI 编辑器"面板（图 1-42）

　　背景设置：单一颜色、渐变、太阳天空和图像灯光。

　　分辨率大小设置，越高越清晰。

　　添加灯光针、渐变灯光针和图像灯光针。

　　调节灯光针亮度、对比度和灯光颜色及饱和度等。

　　灯光衰减、圆形或方形切换及灯光去半等。

"照明"选项卡（图 1-43）

　　"照明"选项卡包含不同的实时渲染预设，以便更快地应用全局照明设置。

　　1. 照明预设值

　　a. 性能模式：此预设可禁用光源材质和阴影，减少反弹，以实现最快的性能。

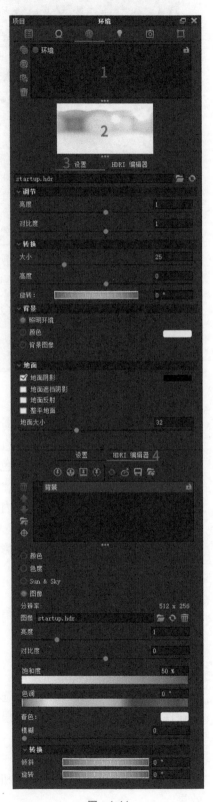

图　1-41

图 1-42                              图 1-43

b. 基本：此预设可为基本场景和快速性能提供简单、直接的阴影效果。

c. 产品：此预设提供阴影的直接和间接照明，这对透明材质的产品非常有用。

d. 室内：此设置以阴影为特色的直接和间接照明功能针对室内照明进行了优化，精确采样，低噪点。

e. 珠宝：此设置的功能与室内预设相同，增加了地面照明、射线反弹和开启散焦。

2. 环境照明

控制阴影质量和细化物体阴影；地面间接照明开启地面间接光子反弹，如灯光照明地面效果。

3. 通用照明

射线反弹控制透明材质效果搭配全局照明反弹，焦散线对金属或玻璃材质产生折射焦散效果。

4. 渲染技术

快速切换预设好的渲染参数。新增的新产品模式，其速度比产品模式更快。

"新产品模式（测试阶段）"选项还是测试阶段的功能，可能会产生不稳定因素或对从事商业性质造成漏洞问题，所以应根据自己的实际情况来决定使用与否。

"相机"选项卡

"相机"选项卡用于创建相机以捕获项目的所需区域以及各种效果，以增强相机视图效果。

相机列表（图1-44）

1. 添加新的相机按钮。

2. 添加相机和环境工作室。

3. 删除当前的相机。

4. 重置相机。

5. 保存当前的相机。

图 1-44

位置和方向（图1-45）

1. 球形：切换球形目标，相机调整和绝对全局 XYZ 坐标调整。

2. 距离：球形半径距离。

3. 方位角：相机镜头的中心指向目标的左侧或右侧。

4. 倾斜：相机镜头的中心指向高于或低于目标位置。

5. 扭曲角：相机向右或向左滚动而不改变位置。

6. 设置相机焦点：单击物体表面设置新的目标焦点。

7. 行走模式：以第一人称导航 KeyShot 场景。

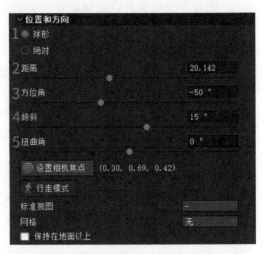

图 1-45

镜头设置（图1-46）

1. 视角、正交、位移、全景：不同相机模式切换。

2. 匹配视角：匹配背景图像透视。

3. 视角/焦距：50mm 标准镜头，矫正垂直透视大焦距 80mm。

4. 视野：和焦距成反比，焦距越大视野越小。

5. 地面网格：开启地面虚拟网格面矫正地面透视预览。

立体环绕

立体模式通过头戴式 VR 显示器观看的 VR 预览图像，或通过 Oculus Rift 或 HTC vive 等 VR 头戴式耳机实时观看场景。

图 1-46

景深

1. 选择"聚焦点"：可以单击物体表面最清晰的地方。

2. 对焦距离：对焦距离越远景深越深，越近景深越浅。

3. 光圈：光圈越小景深越大，越大景深越不明显。

"图像"选项卡（图 1-47）

"图像"选项卡允许设置场景的分辨率以及更改亮度、伽马值和其他效果。

1. 分辨率

设置界面显示长宽比和最终出图渲染的比例大小。

锁定纵横比是指锁定宽高比值系数。

锁定分辨率是指锁定宽和高的具体数值。

预设：下拉选择预设好的分辨率大小和比值。

2. 调节

a. 亮度：控制图像明暗度。

b. 伽马值：表示图像输出值与输入值关系的斜线。

3. 特效

控制灯光光晕和辉光效果以及色差效果等。

a. Bloom 强度：光晕亮度变化。

b. Bloom 半径：光晕偏移范围大小。

c. 暗角强度：画面四角有变暗的现象。

d. 暗角颜色：画面四角变暗的颜色。

e. 色差强度：相机镜头色散现象。

4. 区域

区域渲染，对物体局部快速调整渲染结果的方式。

"左""上""宽度""高度"控制区域边框大小。

图　1-47

注意："分辨率"选项控制最终渲染出图的分辨率大小，跟自己的计算机屏幕分辨率无关。比如，最终出图尺寸是 5000×5000 分辨率渲染图，那图像面板的分辨率需要设置成 1000×1000（1080P 屏幕）；有些屏幕很小的就需要设置成 800×800 或更小；如果是 4K 屏幕，可以设置得更大，实时工作窗口也会更大，显示操作更方便。

## 1.2.5　实时工作窗口

材质（图 1-48）

1. 编辑材质

导航到材质属性进行更改。

2. 编辑材质图
打开材质图面板。
3. 创建多层材质
转换为多层材质。
4. 复制材质
复制当前选定部件上材质。
5. 解除链接材质
取消当前部件材质链接。
6. 将材质隔离到选定项
将当前材质隔离到选定项目。
7. 选择使用材质的部件
选取使用当前材质的部件。
8. 将材质添加到库
将材质添加到材质库中。

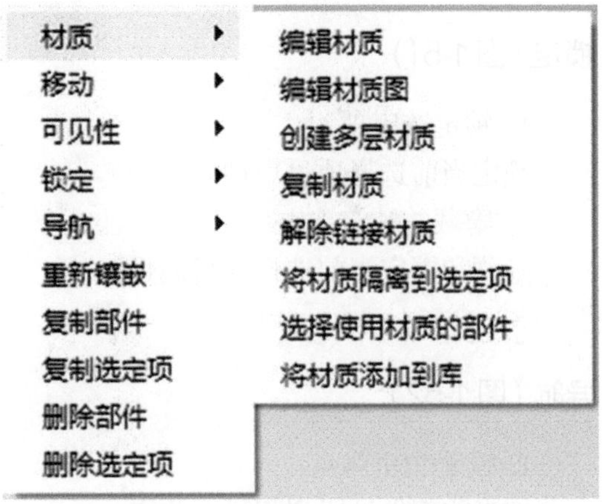

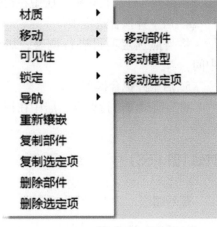

图 1-48

移动（图1-49）

1. 移动部件
对部件启用移动工具和提示。
2. 移动模型
对模型启用移动工具和提示。
3. 移动选定项
对当前选定项目启用移动工具和提示。

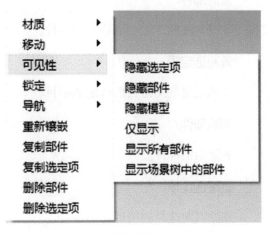

图 1-49

可见性（图1-50）

1. 隐藏选定项
在窗口隐藏当前选定的项目。
2. 隐藏部件
在窗口隐藏当前部件。
3. 隐藏模型
在窗口隐藏当前模型。
4. 仅显示
在窗口中隐藏未选取项目。
5. 显示所有部件
在窗口显示出所有部件。
6. 显示场景树中的部件
显示当前场景树中的部件。

图 1-50

锁定（图 1-51）

    1. 锁定选定项
锁定当前选择项目属性。
    2. 隐藏并锁定选定项
隐藏和锁定当前选择项目属性。

导航（图 1-52）

    1. 设置相机焦点
把当前部件设置到相机对焦点。
    2. 将模型中心设置为相机焦点
把当前模型中心设置到相机对焦点。
    3. 居中并拟合部件
将当前部件进行调整，居中在视窗中间。
    4. 居中并拟合选定项
将当前选定项目进行调整，居中在视窗
中间。
    5. 居中并拟合模型
将当前模型进行调整，居中在视窗中间。

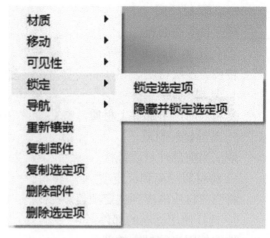

图　1-51

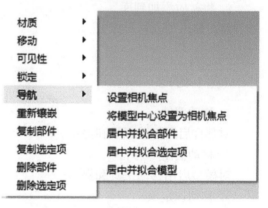

图　1-52

其他（图 1-53）

重新镶嵌

打开细分设置窗口。

复制部件

在原地复制一份当前选定的部件。

复制选定项

在原地复制一份当前选定的项目。

删除部件

删除当前部件。

删除选定项

删除当前选择的项目。

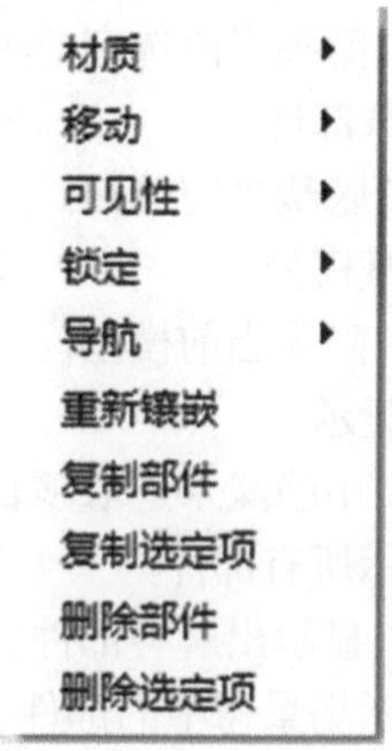

图　1-53

KeyShot 实时视图是 KeyShot 用户界面中的主视口。所有 3D 模型的实时渲染都可以在这里实现。可以使用相机控件，多选对象并直接在模型上或其周围区域右击来浏览场景，以查看更多选项，如图 1-54 所示。

图 1-54

## 欢迎窗口

启动 KeyShot 后，将出现 KeyShot 欢迎窗口，如图 1-55 所示。

欢迎窗口将显示：

● 最近打开的场景。

● 最新的 KeyShot 新闻。

● 最新的 KeyShot 技巧。

单击最近打开的场景立即打开它，或者选择导入模型，或打开场景以加载另一个模型或场景。

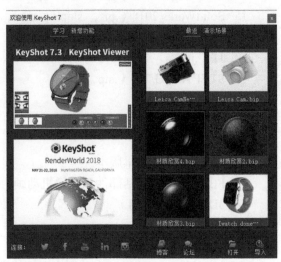

要在启动时禁用欢迎窗口，请关闭欢迎窗口右上角的红色图标，并在菜单栏单击编辑→首选项→常规面板，然后在常规面板右侧，取消勾选在应用程序启动时显示新闻窗口，再单击下面的保存更改按钮即可。

图 1-55

# 1.3  导入数据

## 1.3.1  支持格式

支持格式

KeyShot 在 Mac 和 PC 上支持以下 3D 文件格式:

1. 3Ds Max(.3ds)(仅适用于 Windows 的插件)
2. ALIAS 2019 及更早版本(需要安装)
3. AutoCAD(.dwg 和 .dxf)
4. CATIA v5-6(.3dxml,.cgr,.catpart)
5. Cinema 4D R19(.c4d)及更早版本
6. Creo 4.0(.prt,.asm)及更早版本
7. Inventor 2019(.ipt,.iam)及以前版本
8. Maya 2019(.ma,.mb)及更早版本
9. NX 12(.prt)及更早版本
10. Onshape(仅限插件)
11. Pro/ENGINEER Wildfire2-5(.prt,.asm)
12. Rhinoceros6(.3dm)及更早版本
13. SketchUp2018(.skp)及更早版本
14. Solid Edge ST10(.par,.asm,.psm)及更早版本
15. SolidWorks 2018(.prt,.sldprt,.asm,.sldasm)及更早版本
16. IGES(.igs,.iges)
17. JT(.jt)
18. STEP AP203/214(.stp,.step)
19. STL(.stl)
20. OBJ(.obj)
21. Parasolid(.x_t)
22. Revit 2018 及更早版本
23. FBX(.fbx)包括部件和摄像机动画
24. 3DXML(.3dxml)
25. 3DS(.3ds)
26. COLLADA(.dae)
27. Alembic(.abc)(包含动画变形网格数据)
28. ACIS(.sat)

插件

通过 LiveLinking 插件支持的软件

1. 3Ds Max
2. Cinema 4D R19 及更早版本
3. Creo 4.0 及更早版本
4. Fusion 360
5. Maya 2019 及更早版本
6. NX 12 及更早版本
7. Onshape
8. Revit 2018 及更早版本
9. Rhinoceros 6 及更早版本
10. SketchUp 2018 及更早版本
11. Solid Edge ST10 及更早版本
12. SolidWorks 2018 及更早版本

## 导入对话框（图 1-56）

在选择文件导入后，将出现 "KeyShot 导入" 对话框，以下选项可用。

场景

1. 添加到场景
可将模型添加到现有场景中。
2. 更新几何图形
新添加的几何图形将更新现有的几何图形。如果零件名称一样，则替换旧的对象。

位置

1. 几何中心
导入模型并将其放置在环境的中心。如果未勾选此项，模型将放置在原始创建位置。
2. 贴合地面
导入模型并最低端放置在地面上。
3. 保持原始状态
导入模型并保留模型相对于原始原点的位置。

向上

三维建模软件坐标朝上的方式，默认是自

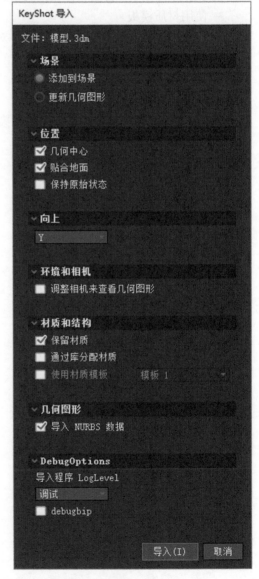

图　1-56

动识别。

环境和相机

　　调整相机来查看几何图形
　　相机将在导入时居中以适应导入的场景。

材质和结构

　　1. 保留材质
　　如果本地材质名称匹配，则场景中已分配的材质将应用于新导入的。
　　2. 通过库分配材质
　　当原始材质与库中材质名称相同时自动分配材质。
　　3. 使用材质模板
　　使用材质模板自动分配材质到同名称对象物件。

几何图形

　　导入 NURBS 数据
　　导入 NURBS 几何图形，保证模型渲染平滑和镶嵌。

## 1.3.2　接口插件

接口插件

　　1. LiveLinking（图 1-57）
　　LiveLinking 将 建 模 应 用 程 序 与
KeyShot 连接起来，并允许在 KeyShot
中更新模型，而不会丢失任何材质分配、
动画、照明和相机的设置。
　　2. KeyShot7 对接插件（图 1-58）
3DS Max 2014-2017
Cinema 4D 17 及更早版本
Creo 3.0 及更早版本
融合 360
Maya 2014-2016
NX 10 及更早版本
Pro/ENGINEER Wildfire 野火版 4-5
Rhinoceros5 及更早版本
SketchUp 2016 及更早版本
SolidWorks 2016 及更早版本
（注意：所有 KeyShot 插件都包含

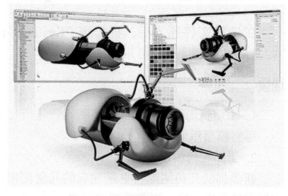

图　1-57

图　1-58

LiveLinking）

3. 第三方内置（图 1-59）

Geomagic 控制

Geomagic 设计

Geomagic Design X

Geomagic 自由曲面

Geomagic Freeform Plus

Geomagic 造型

Geomagic Studio

Geomagic 包装

IronCAD

JewelCAD

西门子 Solid Edge*

SolidThinking 发展

SpaceClaim

Pixologic ZBrush 4.7*

ZWSoft ZW3D

图　1-59

## LiveLinking 技术

Luxion 的 LiveLinking 技术允许在 3D 建模软件和 KeyShot 之间建立链接。

如图 1-60 所示，允许继续在 CAD 应用程序中工作并完善模型，然后通过单击"update"按钮将所有更改发送到 KeyShot 实时视窗。所有这些都不会丢失已经应用的任何视图、材质、纹理或动画。

图　1-60

要在 3D 应用程序和 KeyShot 之间建立 LiveLinking，必须首先为 3D 应用程序下载并安装 KeyShot 插件。

每个插件都有自己的安装程序和独特的安装说明。

如图 1-61 所示，LiveLinking 默认启用，此设置可在"首选项"窗口中找到。

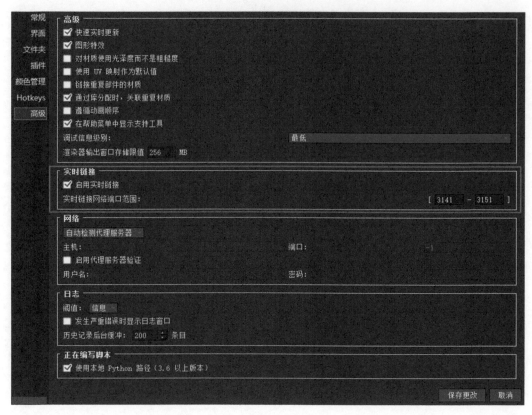

图 1-61

### 1.3.3 对象分层与几何编辑

**场景树**（图 1-62）

场景树可以显示场景中模型的层级关系，通过 "模型" 下方的 👁 按钮来对模型进行隐藏和显示，便于管理场景中的模型，方便操作。

如果模型中有很多部分，折叠场景树层次结构就可能非常有用。这可以通过右键单击要折叠的部分并选择 "折叠" 来实现。当选择 "全部折叠" 时，可以折叠完整的层次结构。

模型和零件能够通过拖动在场景树里面进行重新排序，新的 KeyShot 中的重新排序指标已得到改进，使模型或部件更容易移动到想要的位置。在其他模型软件里控制模型部件的顺序是最简单的，但如果决定在 KeyShot 中执行此操作，建议在分配纹理或标签之前这样做，因为它可能

图 1-62

会导致映射转移。更改场景层次结构也将中断实时链接和更新几何体。

隐藏、显示和相机导航（图 1-63）

**隐藏部件**

要隐藏零件，请右击零件并选择隐藏零件。当右击某个零件并选择"仅显示此零件"时，可以显示模型的单个零件。部件也可以通过场景树隐藏。

**显示部件**

要显示隐藏部分，请在界面上右击，然后选择"撤销隐藏部分"。要恢复以前隐藏的所有零件，请选择显示所有部件。部件也可以通过场景树显示。

**相机导航**

要将相机视角拾取到某个部件，可以右击部件并选择"居中并拟合部件"，部件也可以通过场景树拟合。

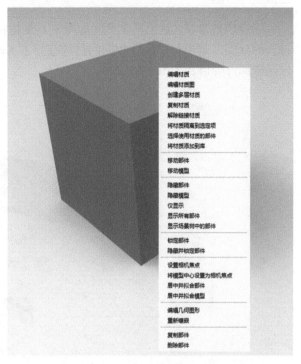

图 1-63

移动轴（图 1-64）

1. 对齐到枢轴

该选项允许设置旋转的轴心点，只需单击"拾取"启动"枢轴选择"对话框。一旦选择了一个枢轴模型，就可以使用它来将对象与选定的透视点对齐。选择一个轴来进行旋转。"本地"是使用零件或模型中固有的轴，而"全局"是使用 KeyShot 场景中的 XYZ 坐标。选择所需部件，然后选择完成以更新移动工具的位置。

2. 对齐到较低对象

"对齐到较低对象"选项将自动将对象边界框的底部边缘移动到位于下方的部件的边界框的顶部边缘。

3. 贴合地面

将模型沿上下轴贴合高度轴的零点，在很多场景模型搭建的时候很有用处。

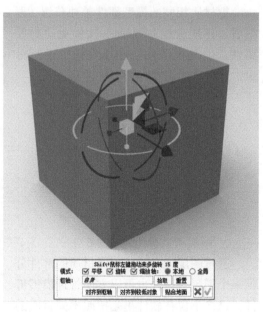

图 1-64

4. 增量捕捉

要以 15° 增量旋转，请在按住 Shift 键的同时拖动旋转手柄。要保存变换，请单击绿色的"√"。要撤销所有转换，请单击红色的"×"，则在启动移动工具之前模型将恢复到状态。

### 三维软件分层

三维软件分层（这里举例 Rhino 犀牛）是指在三维建模软件中针对不同材质的部件进行材质的分类。其中材质属性相同的物件在导入 KeyShot 后将自动链接材质，避免在 KeyShot 中操作部件分层，如图 1-65 所示。

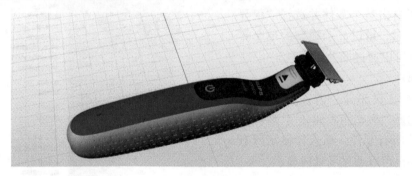

图 1-65

1. 群组方式分组（图 1-66）

把材质相同的模型部件单独分组（群组或者图层分组），方便一次性更改材质属性。但是模型没有在场景树中进行分组，对于之后操作可能有些影响。

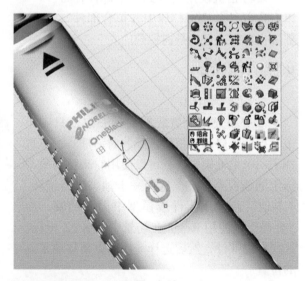

图 1-66

2. 图层方式分组（图 1-67）

通过图层的方式将相同材质的部件分到一个图层，这样也可以方便管理模型部件。这样不仅在软件里是按照不同材质的部件分为一个图层，在导入到 KeyShot 中的时候也会在项目树中按图层分开。

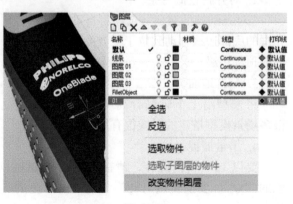

图 1-67

3. 更改部件属性（图 1-68）

打开物件属性窗口，找到材质栏，选择"物件"，更改材质颜色（通常利用改变颜色来区分不同材质）。

图　1-68

材质链接和解除材质链接

1. 材质链接

材质链接是指 KeyShot 场景中材质相同的模型部件的材质链接在一起，可以起到同时调整所有链接中的模型部件的作用。材质链接的快捷键是在模型部件上按 shift+ 鼠标左键复制材质，shift+ 鼠标右键是粘贴材质，这样操作就直接将左键和右键两次单击的物件材质链接上了。也可以直接右键选择"复制材质"，如图 1-69 所示，然后再到需要粘贴的物件上右键选择"粘贴已链接的材质"，如图 1-70 所示。右键菜单有一个"粘贴材质"，如图 1-71 所示，是将复制的材质粘贴到目标对象上但是不链接。

图　1-69　　　　　　　　　图　1-70　　　　　　　　　图　1-71

2. 解除材质链接

解除材质链接是指解除之前链接好的模型部件，常用于更改材质外观和类型的时候使用。

几何编辑对象

1. 几何视图窗口（图 1-72）

几何视图窗口提供了辅助 OpenGL 查看器，用作照明、照相机或动画设置的辅助视图。

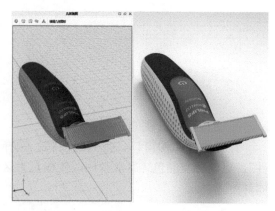

图　1-72

2. 镶嵌设置窗口

包含 NURBS 数据的模型可以直接在场景中重新镶嵌，而无须再次导入模型。"重新镶嵌"可以微调场景中整个模型或单个部件的曲面细分质量。增加镶嵌值可以在模型上产生更平滑的曲面并增加场景文件的大小。为了重新镶嵌，必须在导入时启用导入 NURBS 数据复选框（导入对话框中的几何部分）。通过右键单击模型或零件并选择重新镶嵌细分可以打开细分设置窗口。

a. 如图 1-73 所示，在场景树或实时视图中右击模型、零件或选择多个零件，然后，选择"重新镶嵌"。

图　1-73

b. 如图 1-74 所示，打开"镶嵌设置"对话框，更改曲面细分质量或向下展开来更精确地调整网格精度，包括角度容差、距离容差和最大边缘长度。

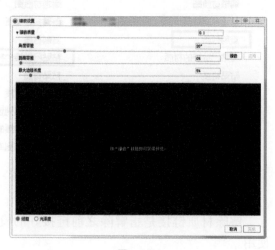

图　1-74

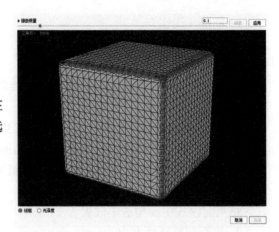

c. 如图 1-75 所示，单击"镶嵌"按钮将在"镶嵌设置"对话框中显示预览，这里可以选择线框或光泽度显示。

图　1-75

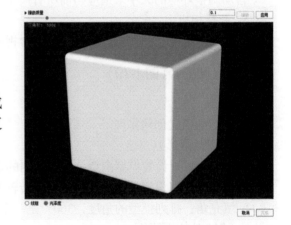

d. 如图 1-76 所示，单击"应用"将完成更改，并提交到场景，单击"取消"将恢复所有更改并退出对话框。

图　1-76

## 1.3.4　复制和阵列

复制模型（图 1-77）

模型和部件可以在场景树中随意复制，右击"复制"选项可以复制对象。这个动作可以复制模型以及任何指定的材质和动画。

阵列模型（线性）（图 1-78）

1. 线性
以线性的模式创建排列。
2. 实例（线性）
可以设置沿 X、Y 和 Z 轴创建多少个模型。

图　1-77

35

3. 间隔（线性）

可以设置模型 X、Y 和 Z 的间距大小。

4. 旋转对象（线性）

实例可以沿着每个本地访问的 Y 进行旋转，以动态地将它们放置在场景中。

5. 散射（线性）

用它来随机放置阵列的模型，对于需要更随机分布模型的场景很有用。

a. 移位：控制从原始模式矩阵中出现的偏差量。

b. Y 旋转：控制模型在本地 Y 轴上随机旋转的角度。

6. 中心

将当前模式中模型居中放置。

7. 重新调整环境大小

自动调整环境的大小来适应当前所有模型。

8. 调整相机

启用此功能可让摄像机自动转换为包含视野中所有的模型。

阵列模型（圆形）（图 1-79）

1. 圆形

以圆形的模式创建排列。

2. 设置（圆形）

a. 计数：可以设置模型围绕一个轴排列的数量。

b. 半径：可以设置从模型到中心或旋转轴的距离大小。

c. 填充角：排列模型的角度，360° 是一个完整的圆形。

3. 旋转对象（圆形）

实例可以沿着每个本地访问的 Y 进行旋转，以动态地将它们放置在场景中。

4. 散射（圆形）

用它来随机放置阵列的模型，对于需要更随机分布模型的场景很有用。

a. 径向：控制从原始径向间隔出现的偏差量。

b. 角式：控制模型在旋转轴上随机旋转的角度。

c. Y 旋转：控制模型在本地 Y 轴上随机旋转的角度。

5. 中心

将当前模式中模型居中放置。

6. 重新调整环境大小

自动调整环境的大小来适应当前所有模型。

7. 调整相机

启用此功能可让摄像机自动转换为包含视野中所有的模型。

图　1-78

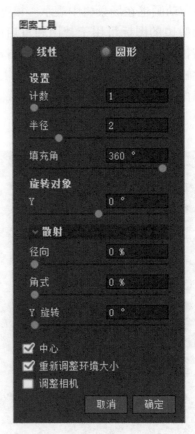

图　1-79

## 1.3.5　圆角和层的设置

**圆角设置**（图 1-80）

　　圆角边缘功能允许模拟模型硬边上的圆角。可以通过在场景树中选择一个或多个部分级别的对象来访问调整滑块，该对象将在下面的属性子标签中显示圆角边缘。

　　1. 半径

　　半径滑块可以感知场景中的模型，并设置大小。建议使用 0.01~0.03 之间的值来得到最佳效果。

　　2. 最小边缘角

　　最小边缘角滑块允许限制边缘角落大于设定度数值的角点。

模型图层（图 1-81）

场景树中显示模型及其层次关系以及在场景中存在的任何相机。在包含动画插件的软件版本中，动画也在场景树中表示。模型和部件可以使用名称旁边的图标隐藏并显示。显示在动画旁边的图标可用于禁用和重启应用的动画。如果模型中有很多部件，折叠场景树层次结构是非常有用的。可以通过右击要折叠的部分并选择"折叠"来实现。当选择"全部折叠"时，可以折叠整个层次结构。模型和部件可以通过在场景树中拖放重新排序。使模型或部件更容易移动到想要的位置。更改场景层次结构也将解除实时链接和更新几何体。

图 1-80

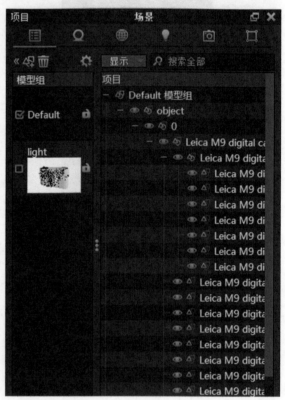

图 1-81

渲染层

此选项仅在已将零件和模型分配给渲染图层时可用，单个对象可以后期通过单独的渲染层后期处理操作。

注意：启用渲染图层将渲染所有渲染图层。

可以指定部件和模型到不同渲染层。最终得到下面三个图层，如图 1-82 所示。

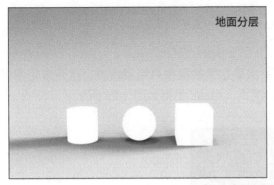
地面分层

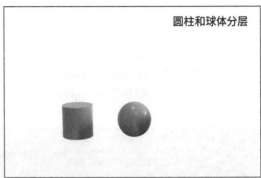
圆柱和球体分层

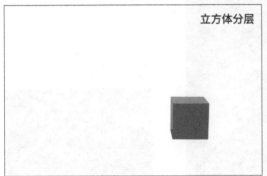
立方体分层

原图

图 1-82

如图 1-83 所示，选取对象或部件，在渲染层右侧单击添加层 按钮，对不同部件设置不同的层名称，后期输出不同分层合成通道的图。

1. 新增层
新创建一个图层。
2. 重命名
重新对当前图层命名。
3. 按层选择部件
按照当前图层选择模型。
4. 删除
删除当前选择的图层。

图 1-83

层和通道

1. 所有渲染层（图 1-84）

如果有指定的部件和模型渲染层，选择所有渲染层复选框来启用层输出。点开齿轮图标显示渲染层设置对话框并选择 Alpha（透明度）模式，Alpha 类型如图 1-85 所示。

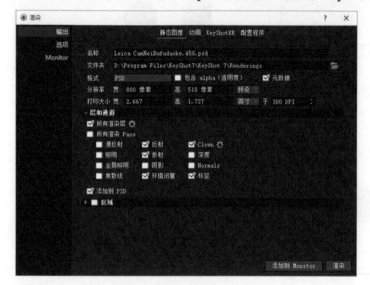

图　1-84

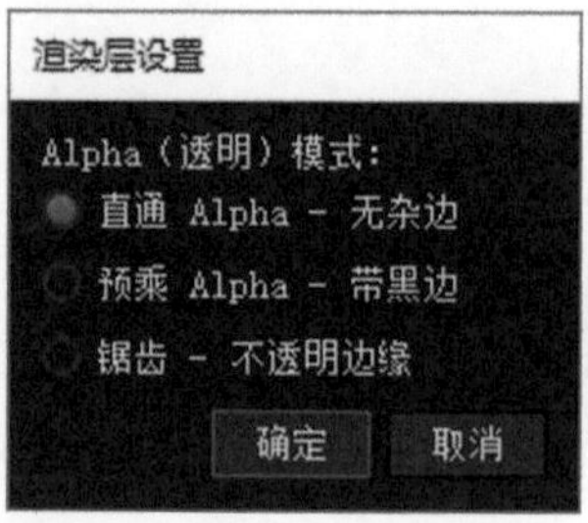

图　1-85

注意：启用渲染图层选项将渲染创建的所有渲染图层。要创建渲染图层，单击"项目"窗口的"场景"选项卡，在属性的渲染层中创建一个渲染层。选择一个部件或一组部件，然后选择希望它所在的渲染层。

2. 所有渲染 Pass

a. 漫反射（图 1-86）：此图层把每个部件用本身漫反射材质的颜色区分开。

图　1-86

b. 反射（图 1-87）：反射图可以理解为，把高光单独拿出作为一个图层。

图　1-87

c. Clown（图1-88）：创建一个图层显示每个材质作为简单的平面的颜色选择并屏蔽在 Photoshop 中。Clown 通过启用齿轮图标可以选择"在 Clown 通道分离标签"，可以把图标单独分离。

图 1-88

d. 照明（图1-89）：模型单独在照明环境下分离的一个图层。

图 1-89

e. 折射（图1-90）：折射本身是由于光线在不同介质中传播的速度不同而引起的，通过该图层单独分离折射图。

图 1-90

f. 深度（图1-91）：深度过程创建深度图，该深度图是包含与相机表面距离有关的信息的图像。深度图可用于其他应用程序，如 Adobe Photoshop 和 Adobe After Effects 来模拟效果，如景深。

图 1-91

g. 全局照明（图1-92）：在场景中，可以使用全局照明来创建平滑的、外观自然的照明，而仅需用相对较少的光源和增加相对较短的渲染时间。利用全局照明可以获得更好的光照效果，在对象的投影、暗部不会得到死黑的区域。

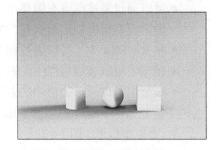

图 1-92

h. 法线图（图 1-93）：法线图就是在原物体的凹凸表面的每个点上均作法线，通过 RGB 颜色通道来标记法线的方向，可以理解成与原凹凸表面平行的另一个不同的表面，但实际上它又只是一个光滑的平面。对于视觉效果而言，它的效率比原有的凹凸表面更高。若在特定位置上应用光源，可以让细节程度较低的表面生成高细节程度的精确光照方向和反射效果。

图　1-93

i. 焦散线（图 1-94）：焦散是一种光学现象，一般会在渲染玻璃或者金属物体的时候出现，大概的效果类似于把玻璃杯放在烈日下照射在地面上产生的光斑，然后单独做的一个图层。

图　1-94

j. 环境闭塞（图 1-95）：该图是描绘物体和物体相交或靠近的时候遮挡周围漫反射光线的效果。可以解决或改善漏光、飘和阴影不实等问题，解决或改善场景中缝隙、褶皱与墙角、角线以及细小物体等的表现不清晰问题；综合改善细节尤其是暗部阴影，增强空间的层次感、真实感，同时加强和改善画面明暗对比。

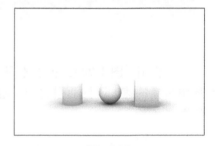

图　1-95

k. 阴影：把阴影单独作为一个图层。

l. 标签：把贴有标签的图单独用图表达出来。

## 1.3.6　模型组设置

● 如图 1-96 所示，模型组可以将独立的场景树保存在一个 .bip 文件中。"模型组"界面位于面板左侧的"项目" > "场景"选项卡中作为侧栏。在侧边栏中选择模型组时，属性将显示在下面的子选项卡中，并且包含的模型将列在场景树中。
● 模型组的可见性可以通过边栏中的复选框切换。
● 双击边栏中的模型组可以激活选择的模型组场景。
● 可以通过复选框或右键菜单一次激活多个模型组。
● 锁定模型组将锁定所有包含的模型和零件。
● 在 KeyShot 中，可以通过拖动侧边栏列表中的模型组进行重新排序。
● 模型组可以通过边栏中的右键单击菜单或模型组属性子选项卡重命名。
● 模型组可以通过边栏中的右键菜单或模型组属性子选项卡设置为始终可见。这会隐藏边栏中的复选框。这样添加地平面等几何图形会方便很多。
　1. 添加模型组（图 1-97）
● 可以通过单击模型组边栏上方的添加模型组图标来添加新的模型组，这个图标集将

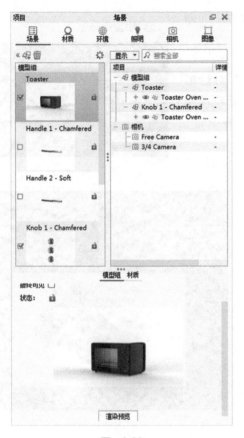

图 1-96

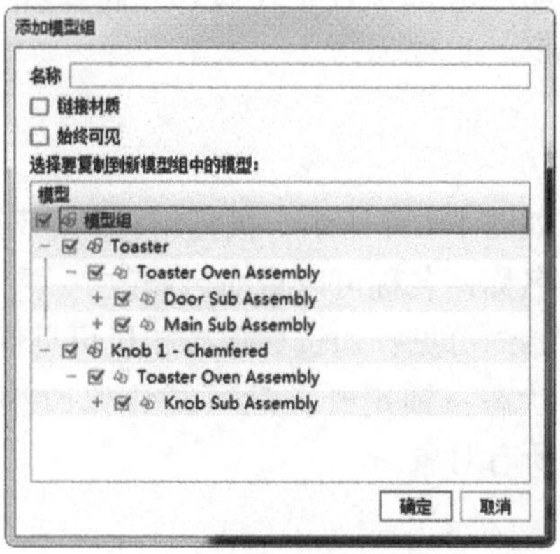

图 1-97

打开添加模型集对话框。在这里可以给它一个名字,指定一些选项并查看要克隆到新模型集中的模型的概述。也可以通过右击场景树中的模型 / 零件,选择"通过选定项创建模型组"来将自己想要的模型或零件加入新的模型组。创建一个新的模型组可以把它作为方案演示的载体,也可以将它作为单独的灯光编辑场景(将模型组里的模型材质都变成高反射的材质,用于观察灯光影响)等。

2. 设置模型组预览缩略图

● 根据实时视图中当前可见的内容,预览缩略图会在创建模型组时自动生成。

● 预览缩略图可以随时手动生成,方法是单击模型集属性选项卡中的"渲染缩略图"按钮,如图 1-98 所示。也可以通过右击模型集边栏中的菜单或通过模型集边栏上方的图标来预览缩略图。

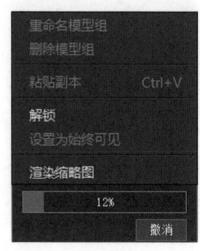

图 1-98

● 通过上方设置图标也可以选择显示在边栏中的缩略图的大小，或者不显示缩略图。

● 如图 1-99 所示，在"缩略图渲染设置"对话框中，可以指定用于渲染缩略图的采样值。如果希望使用当前相机进行缩略图预览，那么请关闭"居中并拟合"选项。

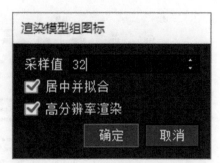

图　1-99

● 如果使用配置器并希望显示大于 256 像素的模型缩略图，就需要从设置下拉菜单中选择缩略图渲染设置，并勾选"高分辨率渲染"复选框。

图　1-100

如图 1-100 所示，模型组包括下列选项。

名称：名称可以重命名修改。

始终可见：勾选后保持相机可见性。

状态：锁定开关后可防止修改编辑场景内的所有对象。

## 2.1 材质库

### 2.1.1 云端下载材质

KeyShot 云是一个在线图书馆，可以分享自己的自定义材质和资源，也可以访问其他 KeyShot 用户上传的资源。当按下 KeyShot 云按钮时，默认 Web 浏览器将打开并进入 KeyShot 云的登录页面。KeyShot 云上传指南如图 2-1 所示。

KeyShot 云用户界面（图 2-2）

1. 搜索字段
用英文搜索云库服务器中存在的材质。

2. 查看样式 / 设置
预览材质球的方式包括照片墙显示和树形显示。

图 2-1

通过账户设置修改用户信息和修改密码。

3. 类别选项卡
包括材质、环境、背景图像、纹理贴图选项。

4. 搜索结果计数器
搜索匹配材质名称可能存在的材质个数并计数。

5. 搜索结果
显示当前搜索到的材质。

6. 细节
选择一个材质，显示该材质大图预览和细节概述。

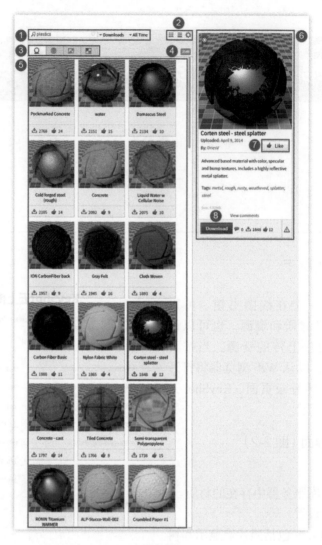

图　2-2

7. 点赞按钮

对于觉得好的材质，用户可以单击喜欢按钮来点赞。

8. 下载按钮

下载云端材质到本地硬盘中使用。

单击工具栏上的 KeyShot 云按钮，或直接转到 https：//cloud.keyshot.com 打开浏览器页面。

在访问 KeyShot 云之前，需要使用现有账户登录或创建一个新账户。单击注册并输入您的详细信息。若要注销，请单击 KeyShot 云窗口右上角的设置图标，然后选择"注销"。

## KeyShot 云用户登录（图 2-3）

1. 云库登录
填写注册的邮箱和密码。
2. 记住我（Remember me）
勾选该复选框会在下一次登录时自动输入邮箱和密码。
3. 登录按钮（Sign in）
单击 "Sign in" 按钮会进入云库服务器。
"Forgot your password？" 用于密码找回。
4. 免费注册按钮（sign up for free）
在没有登录邮箱和密码之前需要免费申请注册。

图 2-3

## KeyShot 云用户注册（图 2-4）

1. First Name：
填写名字。
2. Last Name：
填写姓。
3. Display Name：
服务器显示个性名（网名）。
4. Email：
登录邮箱，最好用 gmail 邮箱。
5. Password：
登录密码。
6. Repeat password：
重复填写登录的密码。
7. 人机身份验证：
勾选该选项进行人机身份验证。
8. Register 按钮
单击该按钮注册成功后，您的邮箱会收到一封验证邮件，打开验证即可免费注册成功。

## KeyShot 云库搜索

KeyShot 云具有强大的搜索功能，可以输入任何搜索字词或使用搜索语法（例如 @username）搜索资源。搜索结果可以使用 Order By（图 2-5）和 Results Since（图 2-6）下拉菜单进行组织。

图 2-4

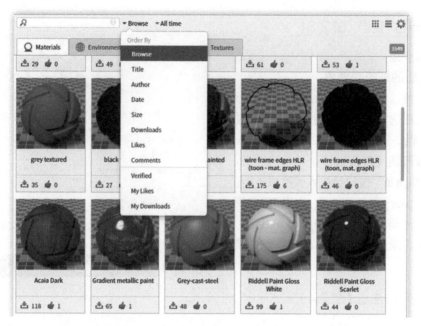

图 2-5

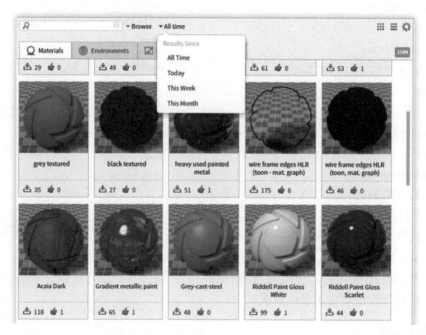

图 2-6

　　单击资源条目以显示特定资源的详细信息，例如大小、说明、标签、创建者，等等。详细信息部分将包含下载按钮以将资源下载到 KeyShot 库中，另外还包含一个报告按钮，可标记任何资源。

上传 / 下载资源

1. 上传资源（图 2-7）

要将自定义资源上传到
KeyShot 云，请单击 KeyShot 库
面板右下角的"上传"按钮。

如果需要，系统会提示编
辑名称，并添加说明和标签以帮
助其他用户搜索资源。如果不知
道要使用哪些标签，则可以单击
"建议"，KeyShot 将自动生成
标签。

单击"下一步"后，将
显示确认要上传的资源。单击
"上传"可将资源发送到云端并
授予其他用户访问权限。

2. 下载资源（图 2-8）

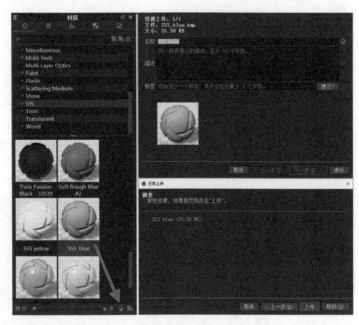

图　2-7

要在云上下载资源，请单击想下载的资源上的"下载"按钮。该资源将自动下载到相应
选项卡中的下载文件夹中，然后可以将其移至现有或自定义文件夹。

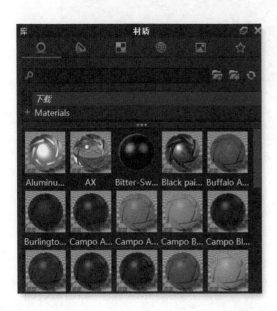

图　2-8

## KeyShot 云库 Sφrensen 材质（图 2-9）

KeyShot 云拥有强大的物理材质，基于官方支持制作的特殊纹理和技术。例如图 2-9 列出的部分皮纹材质效果，非常真实且具有细节机理表面粗糙效果。

云库中还有更多的物理材质，大家可以登录自己注册的邮箱，进入数据库，下载到本地调用。图 2-9 只列出了部分 Sφrensen Leather 材质预览图，类似于这样的在云端库中还有很多很多，还有其他类型的材质等。有些云库的材质是旧版节点，自己更新新节点模式即可在 KeyShot 7 以上版本中使用。

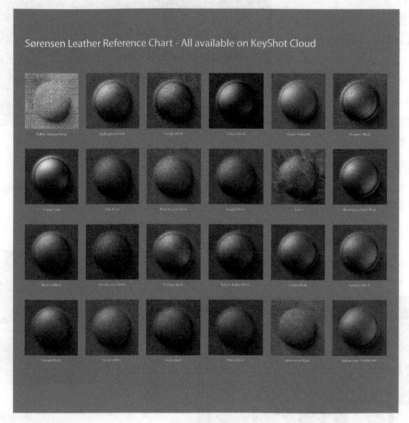

图　2-9

## 2.1.2　标准材质

### 标准材质介绍（图 2-10）

材质预设位于 KeyShot 库的物料选项卡中。您看到的材质预设都是使用 KeyShot 材质类型创建的。每种库材质的设计都易于使用，并且所需的参数很少。例如，金属库材质使用金属材质类型，仅显示金属材质所需的参数。同样，塑料库材质使用塑料材质类型，只具有塑料材质所需的参数。

KeyShot 提供近 700 种材质,从布料和皮革到金属和塑料。

Architectural:建筑材质。

Axalta Paint:艾仕得专业车漆材质。

Cloth and Leather:布料和皮革材质。

Gem Stones:宝石材质。

Glass:玻璃材质。

Light:灯光材质。

Liquids:液体材质。

Metal:金属材质。

Miscellaneous:其他材质。

Mold-Tech:工业级塑料材质。

Paint:油漆材质。

Plastic:塑料材质。

Stone:石头材质。

Toon:卡通材质。

Translucent:半透明材质。

Wood:木纹材质。

X-Rite-X:光材质。

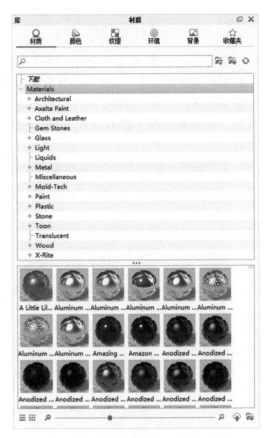

图　2-10

### 2.1.3　其他材质

#### Poliigon 内容材质(图 2-11)

图 2-11 所示为使用 Poliigon 纹理的所有 KeyShot 材质的参考。KeyShot Content 安装程序可用于 Windows 和 Mac 上的 KeyShot 7 用户。安装程序包含来自 Poliigon 的纹理材质。可通过下列网址下载安装程序。

www.keyshot.com/download/346310/

www.keyshot.com/download/346312/

1. Architectural

建筑用途材质。包括 Bricks(砖块)、Concrete(泥 板)、Plaster(石 膏)、Stone(石头)、Tile(瓦)、Wood Flooring(木地板)。

2. Fabric

布料材质。

3. Wood

木纹材质。

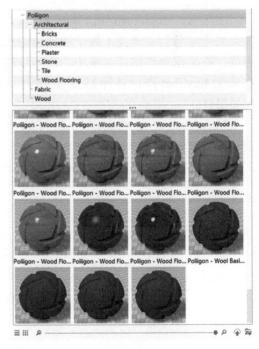

图　2-11

## Axalta 艾仕得车漆材质（图 2-12）

艾仕得涂料系统为 KeyShot 用户提供了不断增长的颜色组合。艾仕得拥有数字渲染色彩科学的悠久历史，引领了汽车涂料的逼真视觉化，在各种车辆上都可以看到鲜艳的色彩倾向。

下载链接：www.keyshot.com/axalta/

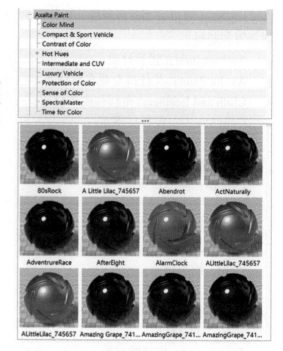

图 2-12

## Mold-Tech 材质（图 2-13）

多年来，Mold-Tech 凭借其先进的设计工作室为全球各行业开发了数千种独特的纹理图案。在独家合作伙伴关系中，这些纹理现在成为 KeyShot 作为各种 Mold-Tech 材质的材质组合。

Mold-Tech 是斯丹杰国际公司的注册商标。

下载链接：www.keyshot.com/mold-tech/

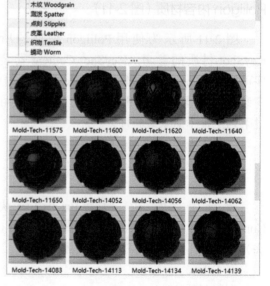

图 2-13

### SYL 作者制作材质（图 2-14）

该材质不是软件自带的，而是由卓尔谟教育学院的沈应龙老师为 KeyShot 7 高级渲染网络课程制作的一些高级节点材质，方便学员直接调用。

常用的材质包括塑料、碳纤维、SSS 和金属等。

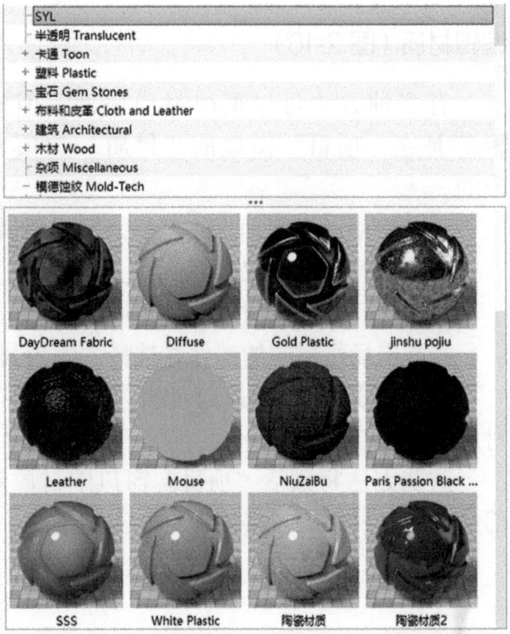

关注本微信公众号
回复"渲染宝典"下载材质包

大国技能

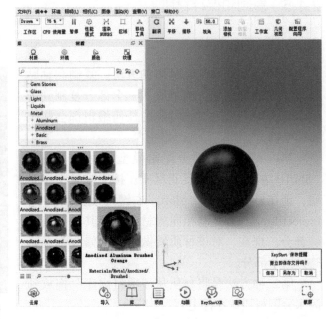

图　2-14

## 2.1.4　赋予和编辑材质

### 赋予材质（图 2-15）

给模型赋予材质时，可以拖动材质库的材质。

将光标指向某一材质球可进行预览，此时材质不会被分配，直到拖到模型上然后放开鼠标左键，材质才会被分配。一旦材质分配给模型，将加载一个副本并放置到项目中的材质里。分配给该模型的任何其他材质也将添加到"项目材质"中。

如果相同的 KeyShot 材质已存在于"项目材质"列表中，将创建一个副本并将一个编号附加到材质中。在某些情况下，用户可能希望将一个材质分配给多个部分，以便能够对该材质进行更改，并使这些更改影响该材质的所有部件。为此，可以将"项目材质"中的相同材质分配给这些部件。由于它与"项目材质"中的材质相同，因此对该材质所做的任何编辑都会影响其分配的所有部件。完成此操作的另一种方法是将材质从一个部件复制并粘贴到另一个部件。

图　2-15

编辑材质（图 2-16）

有多种方法可以更改材质属性，但所有编辑都是在"项目"窗口的"材质"选项卡中完成的。

可以使用以下四种方法之一访问材质属性。

a. 在实时视图中双击部件。

b. 在项目库双击材质的缩略图。

c. 右击场景树中的部件并选择"编辑材质"。

d. 在场景树中选择部件并右击选择"编辑材质。"

这些方法将激活"项目"窗口中材质属性的部分。所有材质编辑将更新交互实时视图。

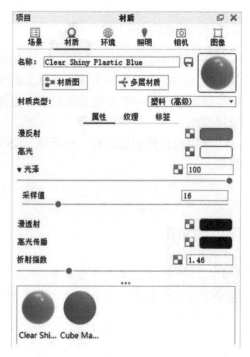

图　2-16

## 2.1.5　复制和保存材质

复制材质（图 2-17）

有两种复制和粘贴材质的方法。复制和粘贴时最重要的一点是，当材质从一个部分复制到另一个部分时，以后对该材质的任何编辑都会影响这两个部分。

第一种方法是在分配给模型的材质上按下"Shift + 左键"，这将复制材质。接下来要粘贴材质，请在另一部分按"Shift + 右键"，这将从"In-Project Library"复制相同的材质并将其粘贴到另一部分。现在，对该材质所做的任何修改都会影响这两个部分。

第二种方法是将材质从"项目内库"拖放到尚未分配材质的零件上。

Shift + 左键：复制材质。

Shift + 右键：粘贴材质。

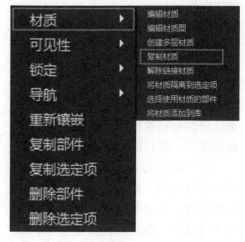

图　2-17

保存材质（图 2-18）

有两种方法可以保存材质。

保存材质的第一种方法是直接在模型上右击材质并选择将材质添加到库。

保存材质的第二种方法是在"项目"窗口的"材质"选项卡上单击保存至库图标￼。

一旦经历了任何一步，对话框就会提示在材质库中指定一个目标文件夹。在选择文件夹位置后，新材质将被保存到库中。

注意：可以创建自己的文件夹，然后通过将文件夹添加到 KeyShot 资源的材质目录来保存自定义材质。

图　2-18

## 2.2　材质参数

### 2.2.1　常规物理参数

漫反射参数 Diffuse（图 2-19）

漫反射参数在许多材质类型中都能找到。在 KeyShot 中考虑漫反射的最基本方法是材质的固有颜色。然而，有更多技术性的解释说明，在创建"分散"或"展开"材质时可能会有所帮助。渲染世界中的漫反射指的是光线如何反射材质。根据材质表面的情况，光线在触碰表面时会有不同的表现。如果表面有很少或没有粗糙处，如抛光表面，光线会直接反弹，这将会产生光泽或反光的表面。如果表面有许多粗糙处，如混凝土，光线会散布在整个表面，产生无光泽的外观。这就是混凝土没有反光或发亮的原因。

许多材质上的漫反射滑块将控制其漫反射光线的颜色。

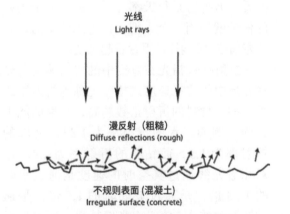

光线
Light rays

漫反射（粗糙）
Diffuse reflections (rough)

不规则表面（混凝土）
Irregular surface (concrete)

散射的光线产生漫反射（散射）的光反射
Light rays are scattered creating diffused (scattered)
light reflections

图　2-19

## 反射参数 Specular（图 2-20）

反射参数是在许多材质类型中可以找到的另一个参数。镜面反射是从材质表面反射但没有散射的反射。当表面抛光时，材质呈现反光或光泽，几乎没有瑕疵。当镜面反射颜色设置为黑色时，材质将不会出现镜面反射，并且不会出现反光或发亮；而镜面颜色设置为白色时将为该材质提供 100% 的反射率。金属不具有漫反射颜色，因此任何颜色都将完全由镜面颜色衍生而来。塑料的镜面颜色应设置为灰度值。

镜面反射参数将控制材质上镜面光反射的颜色和强度。

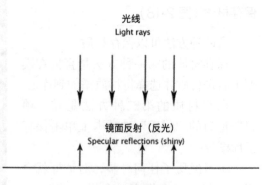

光线从抛光表面反弹回来形成镜面反射
Light rays are bounced off polished surfaces creating specular reflections

图 2-20

## 折射指数 Refractive Index（图 2-21）

折射指数是在多种 KeyShot 材质类型中可找到的材质参数。这个术语我们可能不太熟悉，但折射是每天都会看到的。一个很好的例子就是当一个人把手伸进水池里时，光线弯曲或"折射"，手臂看起来变形。

折射指数指光在真空中的传播速度与光在介质中的传播速度之比，也称为折射率或折光率。材料的折射指数越高，折射的能力越强。例如，水的折射率为 1.33，玻璃的折射率为 1.5，而钻石的折射率为 2.4。这意味着光线通过真空时的速度是通过水时的 1.33 倍，是通过玻璃时的 1.5 倍，是通过钻石时的 2.4 倍等。光速越慢，弯曲变形越多。

可以在线轻松找到不同材质的折射率。一旦找到该值，可将其输入材质的折射指数属性，并在 KeyShot 中准确表示。

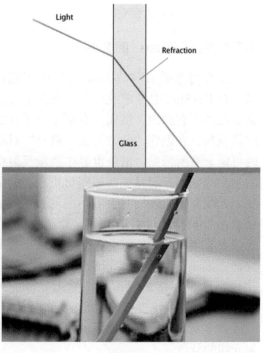

图 2-21

### 粗糙度参数 Roughness（图 2-22）

粗糙度参数是在 KeyShot 中的多种材质类型中可以找到的另一个设置。这是一个滑块，会在表面添加微观缺陷以创建粗糙材质。解释粗糙度参数的图表也可以帮助解释什么材质显得粗糙。当添加粗糙度时，光线散射在表面上，导致镜面反射破裂。由于附加的光散射，粗糙的材质比完美的反射表面更具挑战性并且需要更高的处理能力来渲染。

镜面反射参数将控制材质上镜面光反射的颜色和强度。

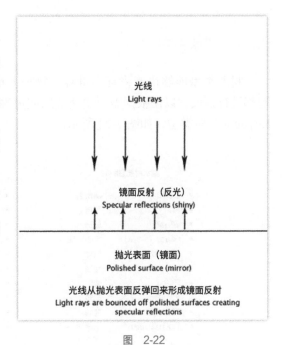

图 2-22

### 采样参数 Samples（图 2-23）

由于具有一定粗糙度的光泽材质渲染起来比较复杂，因此 KeyShot 内置了一个可以提高这些粗糙材质精度的设置。此设置称为 Samples（采样），允许设置渲染图像中像素发射的光线数量。每条射线从其周围环境收集信息并将此信息返回到像素以确定最终效果。单击"粗糙度"滑块旁边的展开箭头时，将看到"采样"滑块。

注意：室内模式与产品模式的采样方式是不同的，室内模式比产品模式的采样方式更智能化。改进的方式意味着采样的定制仅在产品模式中有效，因为在室内模式中不需要。

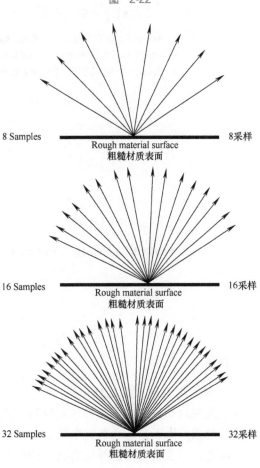

图 2-23

## 2.2.2 材质类型

材质类型能够快速将真实世界、物理上精确的材质属性应用于模型部件。每种材质类型都进行预设，以便根据需要快速应用或更改材质，并根据需要调整每项参数设置。有五类 KeyShot 材质类型，如图 2-24 所示。

| 基本材质 Basic | | 高级材质 Advanced | |
|---|---|---|---|
| • Diffuse | 漫反射 | • Advanced | 高级 |
| • Flat | 平坦 | • Anisotropic | 各向异性 |
| • Glass | 玻璃 | • Dielectric | 绝缘 |
| • Glass (Solid) | 实心玻璃 | • Gem | 宝石 |
| • Liquid | 液体 | • Measured | 已测量 |
| • Metal | 金属 | • Metallic Paint | 金属漆 |
| • Paint | 油漆 | • Plastic (Cloudy) | 塑料（模糊） |
| • Plastic | 塑料 | • Plastic (Transparent) | 塑料（高级） |
| • Thin Film | 薄膜 | • Translucent (Advanced) | 半透明（高级） |
| • Translucent | 半透明 | • Velvet | 丝绒 |
| 灯光 Light Sources | | 特殊材质 Special | |
| • Area Light Diffuse | 区域光漫射 | • Emissive | 自发光 |
| • Point Light Diffuse | 点光漫射 | • Ground | 地面 |
| • Point Light IES Profile | 点光IES配置文件 | • Toon | 卡通 |
| | | • Wireframe | 线框 |
| | | • Xray | X-射线 |
| 其他 Other | | | |
| • Axalta Paint | 艾仕得专业车漆 | | |

图 2-24

基本材质

1. 漫反射材质（图 2-25）

漫反射材质只有一个参数，漫反射颜色。漫反射材质是用于轻松制作任何类型的哑光或非反光材质。由于它是一个完全散射材质，因此高光贴图不可用。

颜色：该参数将控制漫反射材质的颜色。

### 2. 平坦材质（图 2-26）

平坦材质是一种非常简单的材质类型，它可以在应用它的整个零件上产生无阴影、完全均匀的颜色。这种材质通常用作汽车烤架或其他网格后面的黑色材质。创建"Clown Pass（材质 ID 分层）"区域也很有用，该区域将独特的彩色平面材质应用于模型的不同部分，以便这些纯色可以用于在图像编辑软件中轻松创建选区。

颜色：单击颜色缩略图启动颜色选择器，选择材质的颜色。扁平材质没有阴影或其他表面特性，将显示在材质应用的整个部分中选择的纯色。

图 2-25

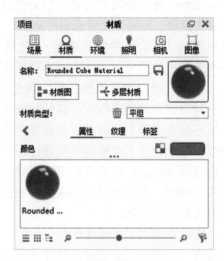

图 2-26

### 3. 玻璃材质（图 2-27）

这是创建玻璃材质的简单材质类型。与实心玻璃材质相比，这种材质类型缺乏粗糙度和颜色密度设置。但是，它增加了双面选项，当只有一个表面（没有厚度），并且想要使其具有反射性和透明性，但不具有折射性时，该选项非常有用。通常用于汽车风窗玻璃。

颜色：设定玻璃材质的整体颜色。单击颜色框打开颜色选择器并选择想要的颜色。

折射指数：控制多少光在穿过具有这种类型材质的部件时会弯曲或"折射"。对于模拟大多数类型的玻璃，默认值 1.5 是准确的；但可以增加该值，以在表面内创建更具通透性的折射。

折射：启用或禁用材质的折射特性。启用时，材质将显示折射。当它被禁用时，材质不会折射，这时会看到表面上的反射，表面将是透明的，但光线不会在通过表面时弯曲。当要查看表面背后的事物时，如

图 2-27

果没有折射导致的扭曲效果，禁用此选项非常有用。

4. 实心玻璃材质（图 2-28）

实心玻璃材质类型提供物理上精确的玻璃材质，可以准确模拟玻璃中的效果颜色，因为它会考虑到模型的厚度。

颜色：控制此材质类型的整体颜色。当光线进入表面时，将呈现这里设置的颜色。在此材质中看到的颜色数量高度依赖于透明距离的设置。如果已设置颜色，但看起来过于模糊，则需要设置透明距离。

透明距离（以前称为颜色浓度）：此滑块控制颜色设置中所选颜色的深度，具体取决于材质应用部分的厚度。在"颜色"设置中设置颜色后，调整"透明距离"可以调整材质颜色的透明程度。较低的设置将在模型的较薄区域显示更多颜色，而较高的设置会使较薄区域的颜色变淡。这个物理上精确的参数通过观察海滩上的浅水的颜色与深海的深蓝色来模拟可以观察到的效果。如果没有这个参数，就会像看到游泳池的底部那样容易地看到最深的海洋的底部。

折射指数：参照"玻璃材质"。

粗糙度：这种材质的粗糙度将在表面上散布出与在其他非透明材质上看到的相似的亮点。但是，它也会传播透过材质的光线。这可用来创建磨砂玻璃外观。展开此参数，将看到样本设置。这可以设置为较低的值，以产生更不完美（噪点）的结果，或设置为更高的值，以平滑（噪点）颗粒获得更光滑的磨砂外观。

5. 液体材质（图 2-29）

液体材质类型是固体玻璃材质的一种变体，具有设置外部折射指数的额外能力，可以准确地创建表示例如玻璃容器和水之间的界面的表面。

颜色：参照"玻璃材质"。

折射指数：控制有多少光在穿过具有这种类型材质的部件时会弯曲或折射。

透明距离：参照"实心玻璃材质"。

外部折射指数：这是一种先进且功能强大的设置，可以准确模拟两种不同折射指数的材质之间的界面。最常见的用途是用在内部装有液体的容器，如水杯。在这样的场景中，需要一个单一的表面来表示玻璃和水相遇的地方。在这个表面上，内部是液体，因此应该设置折射率为 1.33，外面是玻璃，应该把折射率设置在 1.5

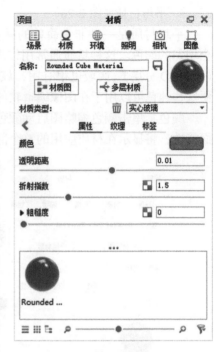

图　2-28

图　2-29

以外。

颜色出：此选项控制材质外部光线的颜色。这是一个先进而复杂的设置，在使用液体渲染容器时会用到。在装水玻璃杯的例子中，需要为液体和玻璃相遇的地方设置专用表面。在这个表面上，可以设置透射的玻璃颜色，并通过透射影响液体的颜色。如果玻璃和液体都很清澈，则设置"颜色出"为白色即可。

6. 金属材质（图 2-30）

金属材质提供了通过颜色预设、测量材质预设和复杂的 IOR 文件控制金属的选项。

a. "颜色"选项卡："颜色"选项卡提供了一个快速预设的金属外观，可控制颜色和粗糙度。

颜色：当"金属类型"设置为"颜色"时，此设置可见，可控制金属表面上反射光的颜色。选择颜色框以显示拾色器并选择所需的颜色。

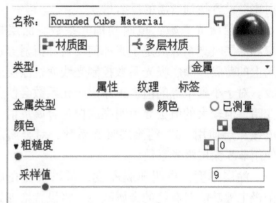

图　2-30

粗糙度：当数值增加时，会增加材质表面的微观缺陷水平。当它设置为"0"时，材质将显得非常光滑。当数值增加时，随着光在表面上扩散，材质将显得更粗糙。

注意：如果粗糙度设置旁边出现滑块图标，则会添加调整控件以更好地调整粗糙度。单击滑块图标查看和调整设置，或者右击并选择"删除"以删除它们。

采样值：较低的采样值设置（"8"或更低）会使表面看起来磨砂效果很强烈，这会给出更加不完美和粗糙的外观。随着数值的增加，噪点将更加均匀，并提供更均匀分布的粗糙度。

b. "已测量"选项卡（图 2-31）：金属预设测量选项包括 13 种科学准确的金属预设，包括铝、黄铜、铬、铜、金、铁、镁、镍、铌、铂、银、钛和锌，以及加载复杂的 IOR 文件（.ior，.nk，.csv）。所有金属预设和自定义 IOR 文件都可以添加阳极氧化涂层，并控制涂层折射率、涂层吸光系数和涂层厚度。

粗糙度：参照"金属材质"的颜色选项卡。

采样值：参照"金属材质"的颜色选项卡。

阳极电镀：也叫阳极化处理。阳极电镀设置适用于从"金属类型"下拉列表中选择的所有金属预设以及加载的复杂 IOR 文件。阳极氧化膜启用时看到的颜色是光线在阳极氧化膜中干扰自身的结果，因此很难预测结果。但是，以下设置将帮助您学习如何控制它。

涂层折射率：也叫膜折射率。阳极电镀金

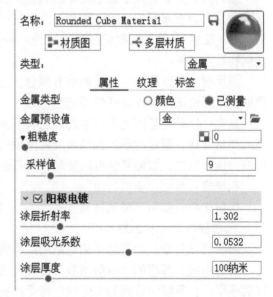

图　2-31

属的膜折射率设置提供或多或少的表面反射。增加数值可以获得更高的反射强度。实际的涂层颜色将受到折射率的影响。但是，可以使用"涂层厚度"设置来移动颜色，因此通常只会关注通过"涂层折射率"设置找到所需的反射量。

涂层吸光系数：也叫膜消光系数。涂层折射率和涂层吸光系数决定了光如何反射和折射穿过金属上的薄膜。涂层吸光系数控制光线通过涂层的吸收。对于小到中等的值，正涂层吸光系数会使颜色变暗，但较大的值会导致明亮的白色金属反射。对电镀涂层使用"0"的涂层吸光系数，对金属涂层使用非零涂层吸光系数。

涂层厚度：也叫薄膜厚度，可以改变在启用阳极电镀功能时看到的金属颜色。将设置增加到非常高的值将导致表面上彩色环层的效果，保持在100~1000nm 的范围内通常是正常的。

控制阳极电镀颜色：通常，较大的涂层厚度 /折射率会导致更多的颜色，并且涂层吸光系数会使颜色变暗并抑制变化。对于所有金属预设，启用或不启用阳极电镀，颜色都可以取决于视角（就像现实世界金属的颜色一样）。您会发现在掠过角度有轻微的色彩色调，尤其是黄金和铝。

图 2-32

7. 塑料材质（图 2-32）

塑料材质类型提供了创建简单塑料材质所需的基本设置。设置漫反射（整体颜色）并添加一些镜面反射（反射），然后调整粗糙度。这是一种非常通用的材质类型，用于从混凝土到木材的任何物品。

漫反射：可以理解为材质的固有颜色。透明材质应用的漫反射颜色很少或没有。单击颜色框打开颜色选择器并选择想要的颜色。

高光：这是场景内光源反射的颜色和强度。黑色将完全关闭反射，而白色将提供非常闪亮的塑料外观。逼真的塑料在镜面反射值中没有颜色，所以一般来说应该使用某种程度的灰色或白色。但是，添加颜色可以使塑料具有金属效果。

粗糙度：参照"金属材质"。

折射指数：参照"玻璃材质"。

8. 薄膜材质（图 2-33）

薄膜材质类型产生类似于肥皂泡的虹彩效果。

折射指数：薄膜的"折射指数"设置为表面提供或多或少的反射。增加值以获得更多的反射强度。在薄膜中看到的实际颜色将受到折射指数的影响。但是，可以使用"厚度"设置来移动颜色，因此通常只会关注通过"折射指数"设置找到所需的反射量。

厚度：更改"厚度"设置会改变物件表面颜色。将设置增加到非常高的值将增加表面上彩色环层的效果，通常保持在 100~1000 的范围内。

彩色滤镜："彩色滤镜"设置用作薄膜材质类型的颜色倍增器。当颜色过滤器设置为白色时，材质的颜色将由厚度设置决定。饱和度较低的颜色可以用来添加微妙的色调偏移，而完全饱和的颜色会产生较大的影响。彩色滤光片设置可以通过彩色贴图进行纹理化处理，从而创建诸如在太阳能电池上看到的材质分解或光学透镜等。

9. 半透明材质（图 2-34）

半透明材质类型提供了对许多表皮、塑料和其他材质中发现的次表面散射特性的控制。

表面：控制外表面的漫反射颜色，考虑这种材质的整体颜色。使用这种独特的材质类型需要注意的是，如果表面颜色完全是黑色的，则不会看到表面颜色的半透明效果。

次表面：控制光在穿过材质时将采用的颜色。人体的皮肤是次表面散射效应的一个很好的例子。当明亮的光线透过耳朵的薄弱部分或手指之间的薄皮肤时，光线会被表面下方的颜色着色，并且会变回红色。当光线穿过表面时，它会在许多随机方向上反弹。这产生了柔软的半透明效果，而不是玻璃和类似材质的直接折射效应。对于塑料材质，通常会将这种颜色设置为与表面颜色非常相似的颜色，但也许会更亮一些。

半透明：控制光线穿透和穿过表面的深度，设置场景单位下的单位。半透明度值越高，看到的表面颜色越多。较高的半透明度值也将创建一个更柔软的外观材质。

纹理：影响表面颜色的设置。这种颜色将表面颜色相乘并混合。例如，当表面颜色为黄色且纹理颜色为蓝色时，结果为绿色。设置为白色时，不会影响表面颜色。

高光：控制表面上反射的强度，与折射指数一起进一步增加或减少表面上的反射强度。

粗糙度：不断增加的粗糙度将在表面上扩散和分布反射，并创建更为磨砂的表面。

折射指数：控制多少光线在碰撞并穿过具有这种类型材质的部件时会弯曲或折射。通常设置 1.4 作为起点，但可以增加该值以在表面内创建更具通透性的

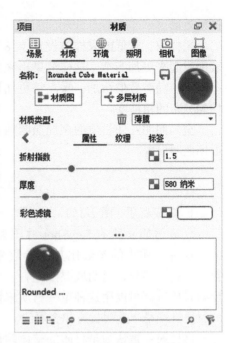

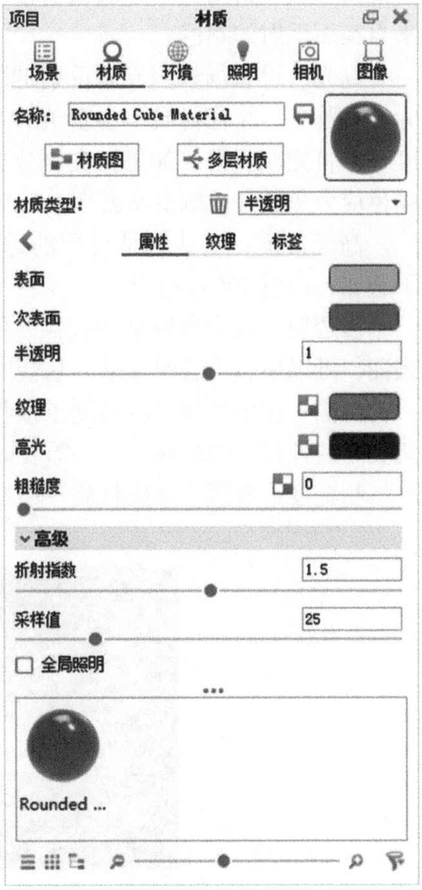

图 2-33

图 2-34

折射效果。

采样值：较低的采样值设置（"8"或更低）会使表面看起来更加嘈杂，这样渲染出来的图表面会有很多噪点。随着数值增加，噪点将更加均匀，并提供更均匀分布的粗糙度。

全局照明：使材质的全局照明独立于全局照明的通用照明设置。

高级材质

1. 高级材质（图 2-35）

高级材质是所有 KeyShot 材质类型中功能最多的。这种材质中的参数比其他参数多。有了这些参数，金属、塑料、透明或混浊塑料、玻璃、皮革和漫反射材质等都可以用这种单一材质来调整。无法创建的材质类型是半透明材质和金属漆。

漫反射：被认为是材质的整体颜色。透明材质很少或没有漫反射颜色。金属没有漫反射，金属的颜色来自镜面反射的颜色。

高光：设置场景内光源反射的颜色和强度。黑色为 0% 强度，并且材质不会反光；白色为 100% 的强度，并将完全反射。如果正在创建塑料材质，则高光颜色应为灰色，以减少反射率。

高光传播：被认为是材质的透明度。黑色 100% 不透明，白色 100% 透明。

图　2-35

漫透射：这个参数会导致额外的光线散射到材质表面，可以模拟半透明效果。它会增加渲染时间，所以如果不需要，建议将它保留为黑色。

氛围：这个参数可以控制未接收直射光的区域材质上的自身阴影颜色。它可能会产生不切实际的外观，因此建议在不需要时将其设置为黑色。

粗糙度：参照"金属材质"粗糙度效果，如图 2-36 所示。

图　2-36

粗糙度传输（图 2-37）：这个参数控制折射的粗糙度。它与粗糙度之间的主要区别在于粗糙度位于材质的内部，可以用来创建磨砂外观，同时仍然保持有光泽的表面。该材质需要透过镜面透射才能显示效果。

图　2-37

折射指数（图 2-38）：控制材质的折射程度。

图　2-38

菲涅尔（图 2-39）：控制垂直于相机的反射强度。在现实世界中，物体在物体边缘处的反射比在直接面对视角或相机的物体区域更具反射性。这是默认启用的，不同的材质有所不同。

图　2-39

采样值：通过采样值的大小来控制材质表面的光泽或粗糙度。

**2. 各向异性材质（图 2-40）**

各向异性材质类型能够对材质表面上的高光进行高级控制。在具有单个"粗糙度"滑块的其他材质类型中，增加此值会导致曲面上的高光在所有方向均匀分布。各向异性通过使用两个独立滑块控制两个方向上的粗糙度，可以控制高光形状。这种材质类型通常用于模拟精细拉丝金属表面。

漫反射：创建金属时，漫反射应设置为黑色。当设置为纯黑色以外的任何其他材质时，此材质类型将更像塑料。

高光：设置场景内光源反射的颜色和强度。黑色将为 0% 强度，材质不会反光；白色将是 100% 的强度，完全反射。如果正在创建一种金属材质，就在这里设置金属的颜色。

模式：这个高级设置控制了突出显示的延伸方式。有三种独特的模式：默认模式是线性，它将以线性方式拉伸高光，并且与模型上可能具有的任何 UV 坐标映射无关；径向模式是一种各向异性的方法，可以模拟在 CD 播放按钮可能观察到的效果，启用此模式可选择径向粗糙度的中心点；UV 模式取决于 UV 坐标，可以使用它来根据建模软件的映射操纵各向异性高光。

图 2-40

粗糙度 X 和粗糙度 Y（图 2-41）：这些滑块控制表面高光的传播。粗糙度 X 和粗糙度 Y 滑块控制独立方向的高光扩散。当改变这些数值时，表面上的高光会伸展出来，并产生精细的画笔效果。将两个滑块设置为相同的值将产生均匀分布在所有方向上的反射。在图 2-41 中，左边的球有偏移值，右边有相同的值。

图 2-41

角度（图 2-42）：这个参数可以旋转粗糙度 X 和 Y 值偏移时产生的拉伸高光。该值以度（°）为单位，从 0°~360°。

图 2-42

采样值（图 2-43）：通过采样值的大小来控制材质表面的光泽或粗糙度。

图 2-43

3. 绝缘材质（图 2-44）

绝缘材质类型是创建玻璃材质的更高级的方式。与固体玻璃材质类型相比，增加了阿贝数（散射）设置，它也可用于创建玻璃和液体之间的精确镜面。

传播：控制此材质类型的整体颜色。当光线进入表面时，将采用此处设置的颜色。在此材质中看到的颜色数量也高度依赖于透明距离设置。

折射指数：参照"玻璃材质"。

外部传播：控制材质外部光线的颜色。这是一个高级而复杂的设置，在使用液体渲染容器时需要。在装水玻璃杯的例子中，需要为液体和玻璃相遇的地方设置专用表面。在这个表面上，应该设置透射出设置的玻璃颜色，并通过透射设置控制液体的颜色。如果玻璃和液体都清澈，将外部传播设置为白色。

外部折射指数：参照"液体材质"。

透明距离：参照"实心玻璃材质"。

粗糙度：这种材质的粗糙度将在表面上显示出与在非透明材质上看到的相似的亮点。但是，它也会传播透过材质的光线。这可用来创建磨砂玻璃外观。打开下拉菜单，将看到采样值设置滑块，可以设置较低的参数，以产生有噪点的结果；或设置较高的值，以产生均匀的

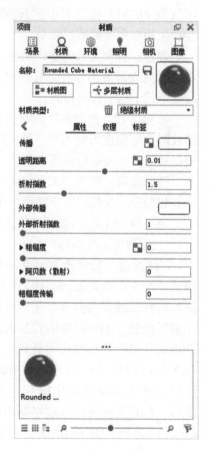

图 2-44

磨砂效果。

阿贝数（散射）：阿贝数滑块控制光线在透过表面时的散射，并产生棱镜效果。这种棱镜色彩效果可用于创建渲染宝石时经常需要的散射效果。零值将完全禁用散射效应。较低的值会显示较大的分散度，并且随着该值的增加，效果会变得更加微妙。如果需要细微的散射效果，可以设置 35~55 的数值。展开此参数，将看到样本设置，可以设置较低的参数，以产生有噪点的结果；或设置较高的值，以产生均匀的磨砂效果。

粗糙度传输：这个参数控制折射的粗糙度。这个参数和粗糙度之间的主要区别在于粗糙度在材质的内部。

粗糙度传输可以用来创建磨砂的外观，同时仍然保持有光泽的表面。这个材质需要透过镜面透射才能显示效果。

4. 宝石效果（图 2-45）

宝石效果类型与固体玻璃、绝缘材质和液体材质类型有关。这些设置已经过优化，与渲染宝石相关。阿贝数（散射）控制对于宝石渲染尤为重要，因为它会产生经常需要的散射效果。

颜色：控制宝石的整体颜色。当光线进入表面时，将显示此处设置的颜色。在此材质中看到的颜色数量高度依赖于透明距离设置。

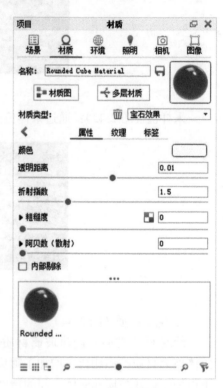

图 2-45

折射指数：控制在穿过具有此类材质的模型上的部件时会弯曲或折射的光线量，默认设置是 1.5。需要根据所需的宝石进行调整。

透明距离：参照"实心玻璃材质"。

粗糙度：参照"实心玻璃材质"。

阿贝数（散射）：参照"绝缘材质"。

5. 已测量（图 2-46）

"已测量"的材质类型支持导入 X-Rite 外观交换格式（AxF）和 Radiance BSDF 格式。这些格式包含供应商自己独有的数字材质，可捕获特定物理材质的光散射特性。AxF 材质格式是由爱色丽开发的数字文件格式，可提供标准化的外观表示。AxF 材质通过使用 X-Rite TAC7 扫描仪进行扫描的物理样品进行创建，该扫描仪在 AxF 文件中捕获并创建精确的数字材质规格。AxF 文件可以从数字材质目录（如 PatoneLIVE Cloud）访问，并使用测量材质类型直接导入到 KeyShot 中。

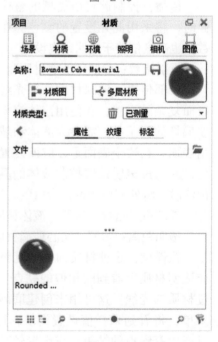

图 2-46

Radiance XML BSDF 格式：BSDF（双向散射分布函数）是用于描述光与表面相互作用的数学模型。为 Radiance Renderer 开发的 KeyShot 支持的 BSDF 文件格式是一种 XML 格式，其中包含测量的 BSDF，并定义了分布函数。该函数指示光线如何散射以及材质如何出现。

导入测量材质：在"项目""材质"选项卡中编辑材质时，从"材质类型"下拉列表中选择"已测量"，"文件位置"字段将显示在"属性"选项卡中。选择文件夹图标以选择测量的文件格式。支持 .axf 和 .xml 文件扩展名。

6. 金属漆（图 2-47）

金属漆材质类型模拟双层油漆工作——底漆和透明涂层，提供整个材质的完整反射。

a. 底漆设置

基色：设置用于底漆的材质的整体颜色。

金属颜色：可以被认为是喷涂在底层涂层上的金属"薄片"涂层。可以选择与底色类似的颜色以获得细微的金属片效果，或者选择对比色来获得一些有趣的效果。白色或灰色金属颜色也常用于逼真的涂料。材质中的金属颜色将显示在表面的直接照亮或明亮突出区域中，而基础颜色将更多在照明不足区域显示。

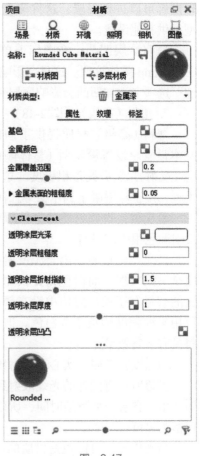

图　2-47

金属覆盖范围：控制基色与金属颜色的比例。当它设置为 0 时，将只看到基本颜色；设置为 1 时，表面几乎全部被金属色覆盖。对于大多数金属涂料材质，默认值为 0.25 左右。

金属表面粗糙度：控制金属颜色在表面上的扩散。设置为较低值时，只会在高光区域周围的小区域中看到金属颜色。当它设置得更高时，金属将在整个表面上均匀分布。一般默认值为 0.15。在金属粗糙度参数中，将找到采样值设置。这将控制油漆中金属效果光滑或粗糙的程度。较低的设置会导致更明显的"片状"效应。较高的设置将显示平滑金属效果，并且表面效果会相对均匀。

b. 透明涂层设置：透明涂层设置控制顶部透明涂层。设置是单元感知的，并且可以应用凹凸贴图，但不会影响底漆。

透明涂层光泽：设置透明涂层的颜色。颜色越浅，透明涂层越轻。默认值是白色（完全清除）。

透明涂层粗糙度：默认情况下，金属漆清漆层可提供完美干净的反射。但是，如果需要缎纹或哑光涂料效果，则可以增加透明涂层粗糙度值。

透明涂层折射指数：控制透明涂层的强度。默认值为 1.5。如果需要更光亮的油漆，可增加该值。将该值降低至接近 1，可以降低透明涂层效果。这可用于制作哑光面漆或模拟具有金属片效果的塑料。

透明涂层厚度：设定透明涂层的厚度。较高的值会使透明涂层变暗。单击设置旁边的纹理图标可以进行设置，这将覆盖该值并为所选的纹理类型提供其他设置。

透明涂层凹凸：在图标上单击鼠标右键，为 Clear-coat Bump 添加纹理。这只会影响透明涂层，而通过"纹理"选项卡添加凹凸会影响底层和透明涂层。

7. 塑料（高级）（图 2-48）

塑料（高级）材质提供了创建简单塑料材质所需的基本设置。设置漫反射（整体颜色）并添加一些高光反射（反射），然后调整粗糙度。这是一种非常通用的材质类型，用于从混凝土到木材等任何材质。

漫反射：设置材质的整体颜色。透明材质应用的漫反射颜色很少或没有。

高光：设置场景内光源反射的颜色和强度。黑色将完全关闭反射，而白色将提供非常闪亮的塑料外观。逼真的塑料在镜面反射值中没有颜色，所以一般来说应该使用某种程度的灰色或白色。但是，添加颜色可以使塑料具有金属效果。

粗糙度：参照"实心玻璃材质"。

漫透射：将额外的光线散射到材质表面，以模拟半透明效果。它会增加渲染时间，所以如果不需要，建议将它保留为黑色。

高光传播：可以说是材质的透明度。黑色 100% 不透明，白色 100% 透明。

8. 塑料（模糊）（图 2-49）

塑料（模糊）材质含有光散射颗粒，用于复制复杂的、科学准确的材质，如聚碳酸酯或 ABS。该材质具有控制光透射、粗糙度、折射指数、透明距离和云量的参数。

传播：设定模糊塑料的整体透光率。较浅的颜色将允许更多的传播，较深的颜色将提供较少的传播。可以单击颜色缩略图打开颜色选择器，然后选择想要的颜色。

粗糙度：参照"实心玻璃材质"。

折射指数：参照"玻璃材质"。

透明距离：控制透明度受到影响的距离。

模糊：此设置影响塑料的整体混浊度。0 值为完全没有混浊。

散射方向：控制光线如何散射。0 值为均匀散射，负值为向后散射光，正值为向前散射光。

模糊色：为塑料的内部浑浊设置特定的颜色。

采样值：设置较低的数值会产生较多噪点的模型表

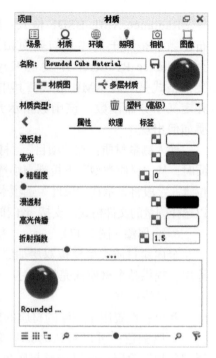

图 2-48

图 2-49

面，设置较高的数值会产生均匀分布的磨砂表面效果。

9. 半透明（高级）（图 2-50）

半透明材质类型提供了对许多表皮、塑料和其他材质中发现的次表面散射特性的控制。与半透明材质类型相比，这个材质会更好控制。

表面：控制材质外表面的漫反射颜色，考虑这种材质的整体颜色。使用这种独特的材质类型需要注意的是，如果表面颜色完全是黑色的，则不会看到表面颜色的半透明效果。

次表面：控制光在穿过材质时将采用的颜色。人体的皮肤是次表面散射效应的一个很好的例子。当明亮的光线透过耳朵的薄弱部分或手指之间的薄皮肤时，光线会被表面下方的颜色着色，并且会变回红色。当光线穿过表面时，它会在许多随机方向上反弹。这产生了柔软的半透明效果，而不是玻璃和类似材质的直接折射效应。

半透明：控制光线穿透和穿过表面的深度，具体取决于模型的实际尺寸，设置场景单位的建模尺寸大小。半透明度值越高，看到的表面颜色越多。较高的半透明度值也将创建一个更柔软的外观材质。

高光：控制表面上反射的强度，与折射指数一起以进一步增加或减少表面上的反射强度。

粗糙度：不断增加的粗糙度将在表面上扩散和分布反射，并创建更加磨砂的表面。

折射指数：控制在碰撞并穿过具有这种类型材料的部件时会弯曲或折射的光线量。默认值是 1.4，但可以增加该值，以在表面内创建更具通透性的折射效果。

采样值：设置较低的数值会产生较多噪点的模型表面，设置较高的数值会产生均匀分布的磨砂表面效果。

10. 丝绒（图 2-51）

丝绒材质非常适用于制造柔软织物，这些柔软织物具有细纤维织物中柔软纤维产生的明显捕光效果。这是 KeyShot 标准的复杂材质，通常可以使用塑料或高级材质类型实现织物材质的效果。但是，此材质类型确实提供了对其他材质类型中未找到的参数的控制。

漫反射：控制材质的整体颜色。对于漫反射和光泽设置，通常优选深色。因为当使用浅色时，该材质可能变得不自然地亮。

光泽：观察到的光泽是从背后反射回表面的光线，就像表面背光一样。此设置与锐度参数控制结合在整个

图　2-50

图　2-51

材质上添加柔和光泽。反向散射参数也从光泽设置中获得它的颜色。一般来说，这应该设置为与漫反射颜色非常相似的颜色，但会更亮一些。

粗糙度：粗糙度设置决定了背散射效应如何均匀地分布在整个表面上。当此值设置为较低值时，反向散射光将保持在较小区域内。高值将使光线均匀分布在整个物体上。

反向散射：这是分散在整个物体上的光线，在物体的阴影区域尤其明显。它可以用来给表面提供整体柔和的外观。反射光的颜色由光泽控制设定。

锐度：控制光泽效应在表面上传播的距离。较低的值会使光泽逐渐消失，而较高的值会在表面边缘产生明亮的光泽边界。设置为零将禁用光泽效果。

灯光材质

1. 区域光漫射（图 2-52）

区域光漫射是一种材质类型，可以提供广泛的光散射，起到类似于泛光灯的作用。

颜色：选择灯光投射的颜色。

电源：光的强度可以通过右侧的设置来控制。推荐使用"流明"或"勒克斯"，以获得最佳效果。1 勒克斯等于 1 流明每平方米。

应用到几何图形前面：将光源应用到曲面几何体的前面。

应用到几何图形背面：将光源应用到曲面几何体的背面。

相机可见：可以切换是否在实时窗口和渲染中显示光源几何图形。

反射可见：可以切换是否在实时窗口和渲染中显示光源的反射。

阴影中可见：可以切换光源是否在实时窗口投射阴影。

采样值：可控制渲染中使用的采样值数量。

2. 点光漫射（图 2-53）

应用点光线漫反射到几何体将其替换为位于零件中心的点。

颜色：可以选择灯光投射的颜色。要获得准确的照明颜色，建议使用 Kelvin 刻度来选择准确的照明温度。

电源：光照的强度可以设置为"瓦特"或"流明"。

半径：调整半径以控制此灯光投射的阴影中的"衰减"。

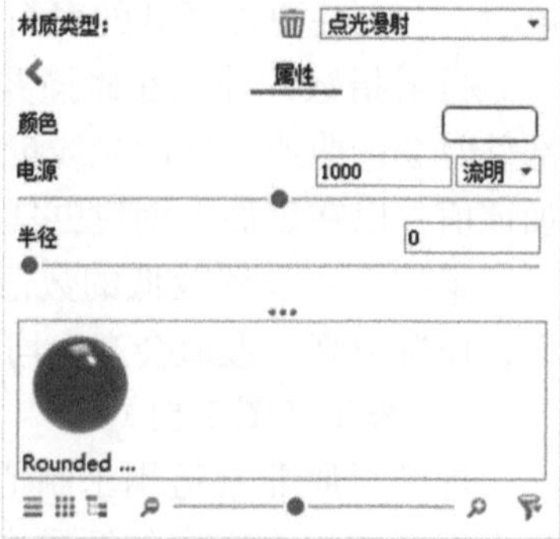

3. 点光 IES 配置文件（图 2-54）

使用 IES 灯时，需要通过单击编辑器中的文件夹图标来加载 IES 配置文件。只要加载配置文件，将在材质预览中看到 IES 配置文件的形状。还可以在实时窗口中看到网格形状。

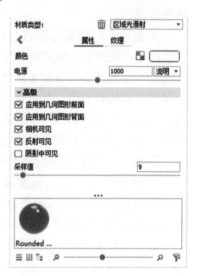

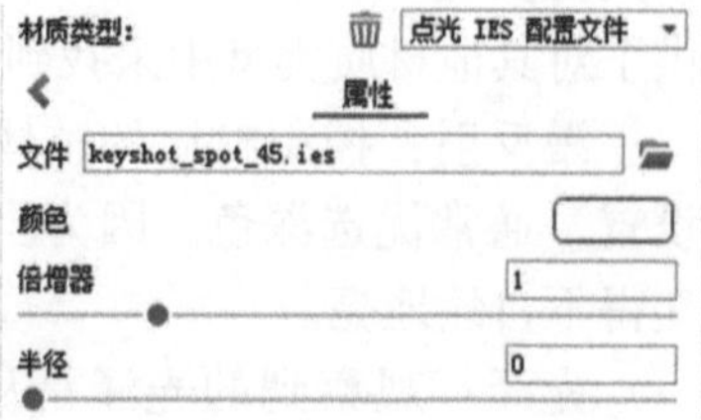

图 2-52

图 2-53

图 2-54

文件：显示正在使用的 IES 配置文件的名称和位置。单击文件夹图标可更改为其他 IES 配置文件。

颜色：选择灯光投射的颜色。要获得准确的照明颜色，建议使用 Kelvin 刻度来选择准确的照明温度。

半径：调整半径以控制此灯光投射的阴影中的"衰减"。

特殊材质

图 2-55

1. 自发光材质（图 2-55）

自发光材质类型可用于小型光源，如 LED、灯，甚至发光的屏幕显示。这并不意味着将场景作为主要光源照亮。发光材质需要在"照明"中启用"全局照明"以照亮实时视图中的其他几何图形。它也需要地面照明来照亮地平面。可以将颜色纹理映射到材质，纹理中包含的任何颜色都将作为光线发出。在使用自发光材质时，在实时设置中启用"Bloom"特效会产生较好的效果。这将创建图像中显示的发光效果。

颜色：控制材质发出的光的颜色。

强度：控制发出的光线的强度。

相机可见：隐藏相机的发光材质，但发光材质仍会发光。

阴影中可见：从任何镜面反射中隐藏发射材质。发射的效果只能在材质的漫射成分上看到。

双面：自发光模型对象的两侧同时发光。

使用色彩贴图 Alpha：允许在颜色表中使用 Alpha 通道。

2. 地面材质（图 2-56）

地面材质类型是用于创建地面材质的简化材质类型。只需单击 Edit，并选择 Add Ground Plane，将在 KeyShot 场景中添加一个地平面。地面材质也可以应用于导入的几何体。

阴影：从对象中投射的阴影将以这种颜色显示。单击颜色块可以编辑颜色。

高光：地面材质支持镜面参数。

剪切地面之下的几何图形：如果在地平面材质下方显示任何几何图形，则此选项将剪切地平面下方的几何图形，将其从摄像机中隐藏。

折射指数：控制材质反射或折射的强度，数值越大反射或折射越强。

图 2-56

73

3. Toon（卡通）材质（图 2-57）

Toon（卡通）材质类型可以将具有轮廓线的纯色应用于 3D 模型上，可以控制轮廓宽度、轮廓线数量以及是否将阴影投射到曲面上。这对于创建草图、产品概念或技术插图很有用。

颜色：控制卡通材质的填充颜色。

轮廓颜色：控制模型的轮廓颜色。

轮廓角度：控制卡通草图中的内部轮廓线的数量。较低的值将增加内部轮廓线的数量，较高的值将减少内部轮廓线的数量。

阴影强度：控制轮廓线的厚度。

轮廓质量：控制轮廓线的质量。使用较低的值获得粗略的草图外观，使用较高的值获得干净和精确的笔画。

透明度：增加此值将允许光线穿过几何体。在透明部件上使用此功能可显示模型的内部视图。

阴影：控制模型上阴影的颜色。当启用"高级设置"下的环境阴影设置时激活。可以应用纹理来控制阴影的外观。

高级设置

轮廓宽度（单位是像素）：勾选此选项，轮廓线使用像素定义。当此设置被禁用时，等高线使用场景单位定义。

内部边缘轮廓：可以在草图中显示或隐藏轮廓。

材质轮廓：可以显示或隐藏分隔每个未链接的卡通材质的轮廓线。如果卡通材质已经链接，那么这个设置不起作用。

环境阴影：如果选定了照明环境，那么显示模型会投射到自身上的阴影。

光源阴影：当"环境阴影"或"光源阴影"设置处于启用状态时，可以控制投射到卡通材质上的每种阴影类型的强度。

4. 线框材质（图 2-58）

线框材质可以显示曲面的每个多边形的线条和顶点。

边：控制线框的颜色。

基色：控制材质的整体颜色，不包括线框（线）。

基本传输色：控制基本颜色传输。较浅的颜色会变成透明的。

背面基底：控制底色的背面。在立方体上，就是立方体的内部。

背面线框：控制背面线框的颜色。

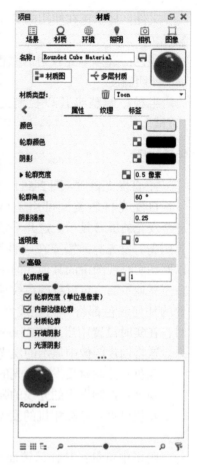

图 2-57

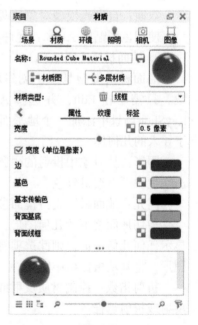

图 2-58

**5. X- 射线材质（图 2-59）**

X- 射线材质类型为说明性渲染提供了一个有用的工具。它通常用于通过外壳创建褪色视图。

颜色：当应用于零件时，X- 射线效果通过在更多角度查看表面区域上显示更多材质颜色来起作用。在直角观察时，表面几乎完全透明。

### 2.2.3　颜色库和颜色拾取器

**颜色库（图 2-60）**

KeyShot 颜色库允许将自定义的颜色拖放到实时窗口内的任何一个部件上，包括使用 PANTONE® 和 RAL® 颜色库。搜索颜色可以通过单击右上角的搜索框并输入颜色名称来完成。允许搜索整个选定文件夹内的颜色。

搜索也可以通过选择对话框右上角的十字线来实现。这将打开一个颜色拾取工具的窗口，选择要查找的颜色。

还可以通过使用导入按钮并浏览文件，从 CSV 文件导入颜色库。创建 CSV 文件时，使用 RGB 颜色条目需要遵循以下格式：名，R，G，B 值可以用逗号、分号或制表符分隔。

其他颜色支持：RGB（0-1），HEX，CMYK，HSV，CIE-L*ab。

可以通过在颜色库内右击并选择"添加颜色"，在 KeyShot 中手动创建颜色。

**颜色拾取工具（图 2-61）**

只要单击颜色属性，就可以访问颜色拾取工具。颜色拾取工具可快速更改颜色或以视觉方式测试颜色。可以使用颜色栏、颜色映射、颜色滑块（输入数字）或通过在颜色样本中拖放来更改颜色。

**1. 吸管**

吸管工具可以选择显示器上的任何颜色。当选择吸管工具时，光标下的颜色将出现在新颜色栏区域中。使用鼠标左键选择颜色，按"Esc"键退出吸管选择模式。

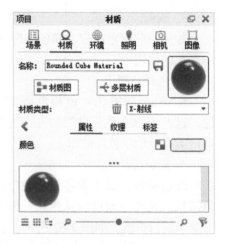

图　2-59

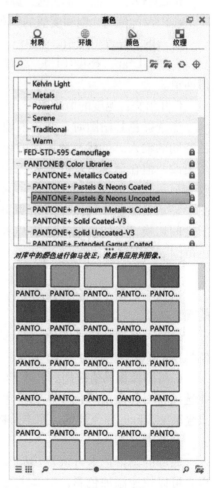

图　2-60

2. 颜色栏

如果当前颜色改变，颜色栏区域包含当前颜色和新 / 旧颜色的比较。

3. 色彩贴图

KeyShot 同时包含色相色域（默认）和传统三色色轮。这些可以在色彩贴图的左下方切换。当前颜色将以黑白圆圈显示于色彩贴图上。

4. 彩色滑块

颜色拾取工具还为各种颜色空间和值标尺提供了颜色滑块。色彩空间可以从色彩贴图右下角的色彩空间下拉菜单进行更改，如图 2-62 所示。有以下选项可用：

a. RGB：红色、绿色和蓝色的颜色通道。

b. CMYK：青色、品红色、黄色和黑的颜色通道。

c. HSV：色调、饱和度值的颜色通道。

d. 灰度：亮度值通道。

e. CIE-L*ab：亮度（L）、红绿（a）和蓝黄（b）的值通道。

f. 开尔文：温度的值通道。

当选择色彩贴图时，颜色滑块将更新以提供相应颜色空间的输入。虽然在选择新的色彩时不会看到色彩贴图更改，但在调整滑块并输入色彩条时，色彩贴图将更改为显示所选颜色或输入的值。同样，模型将在实时视图中显示新颜色。可以在不改变颜色的情况下在彩色贴图之间切换，但切换到灰度或开尔文值的比例时会将颜色范围限制到这些比例。

5. 颜色选择

在色彩贴图下，会直接看到一个齿轮图标，是额外的颜色选项。

a. 输入经伽马校正的值。此选项将对彩色滑块应用伽马校正（默认选择）。

b. 将图像伽马值应用到样本和颜色拾取器中的颜色。此选项将对材质的颜色样本和拾色器应用伽马校正。这只会调整实际的颜色预览，而不是数值。（默认选择）

6. 颜色色板

底部的网格色卡可快速访问经常使用的颜色。在这里，可以快速添加色彩，对其进行调整。颜色拾取器顶部的颜色栏中表示的颜色可以拖放到颜色网格色卡中以创建自己的调色板，只需将新颜色拖放到现有颜色上，或通过在颜色色板区域内拖放，即可覆盖之前的颜色。

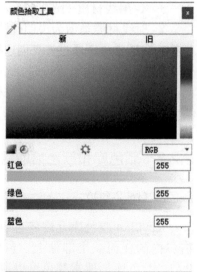

图 2-61

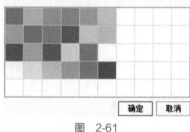

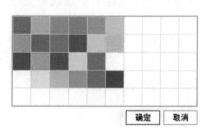

图 2-62

### 2.2.4 材质模板

创建 / 删除模板（图 2-63）

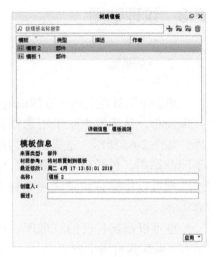

创建一个新的材质模板可以通过单击添加图标，可以通过"自动"和"手动"创建一个材质模板。

a. 自动：如果在创建新模板时模型位于 KeyShot 中，则源和材质名称会根据当前场景中的材质应用程序自动填充。

b. 手动：创建一个空模板，可以手动添加模板项目。

每个添加到模板列表中的新模板，可以在 KeyShot 打开任何场景的情况下访问。

删除材质模板时可以通过单击右边垃圾桶图标或单击鼠标右键选择"删除模板"。

图 2-63

模板项目（图 2-64）

模板项目由源名称和材质名称组成。使用"+"按钮创建一个新项目。从列表中单击选择一个项目编辑其来源和目的地名称，也可以更改来源类型。

1. 源类型

源类型可以是"部件"或"材质"。部件类型考虑场景中部件名称。材质类型考虑场景中材质名称。

2. 源名称

根据来源类型的不同，源名称是部件的名称或给予应用于部分模型的默认材质的名称。默认材质的命名在建模软件中进行控制。

3. 目标名称

目标名称是 KeyShot 库中要应用于与源名称匹配的所有部件的材质的名称。编辑目标名称时，可以输入名称或将材质从库中拖放到模板列表中。

4. 应用模板

a. 到场景：将当前模板应用于场景中所有的模型或部件。

b. 到选取对象：将当前模板应用于选定的模型或部件。

图 2-64

## 2.3 纹理贴图

### 2.3.1 纹理库

单击主工具栏上的库按钮或通过按"M"键打开库面板，从库的主菜单中选择纹理来访问纹理库。如图 2-65 所示。这里的纹理提供了一系列用于凹凸贴图、色彩贴图、渐变、标签等纹理。这些纹理可以快速将纹理应用到材质上，用来增加真实感。

也可以添加自己的纹理库。自定义制作个人私有资源库素材用于渲染。

如图 2-66 所示，KeyShot 云端也提供了更多纹理素材，可以下载到本地硬盘使用。也可以在网上购买或下载免费的纹理贴图库。

图 2-65

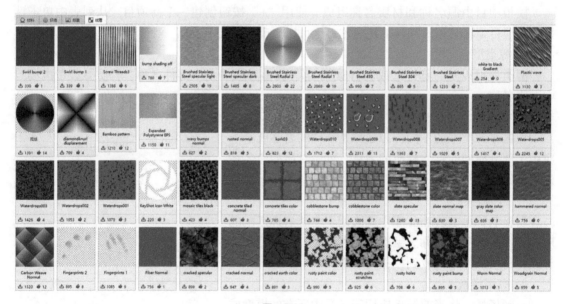

图 2-66

### 2.3.2 纹理类型

如图 2-67 所示，KeyShot 有三种主要类型的纹理：图像纹理、2D 纹理、3D 纹理和动画。图像纹理使用图片文件制作纹理，属于非程序纹理；2D 纹理和 3D 纹理是程序上生成的纹理；动画属于其他类型纹理。

　　程序纹理是计算机生成的可自定义的纹理，允许控制纹理的值和颜色。KeyShot 允许在创建纹理时实时查看所做的更改。与传统的纹理贴图相比，无论模型的形状如何，程序贴图都会环绕模型而不会留下接缝或拉伸。

## UV 平铺（图 2-68）

　　1. 纹理重复

对图片进行重复平铺。

　　2. 颜色

a. 亮度：亮度也称明度，表示色彩的明暗程度。

b. 纹理伽马值：是对纹理亮度和对比度的辅助功能，增加伽马值可以对画面进行细微的明暗层次调整，控制整个画面对比度表现。

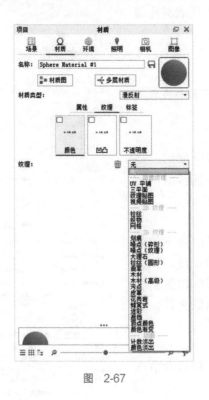

图 2-67

图 2-68

## 三平面（图 2-69）

　　1. 对准

a. Model（模型）：以整个模型为基准。

b. Part（部件）：以单个部件为基准。

c. 移动纹理：启用移动纹理工具和提示。

d. 重置：回到纹理调整之前的初始状态。

2. 角度

可以调整纹理旋转角度。

3. 混合接缝

调整接缝处图片透明度的衰减度，使接缝处过渡自然。

4. X 方向投影、Y 方向投影、Z 方向投影

可分别设置 X、Y、Z 轴方向投影的图片并可以调整
角度。

5. 颜色

a. 亮度：参照"UV 平铺"。

b. 对比度：指的是一幅图像中明暗区域最亮的白和最
暗的黑之间不同亮度层级的测量，差异范围越大代表对比越
大，差异范围越小代表对比越小。

纹理贴图（图 2-70）

纹理贴图是一种图像贴图。在"纹理"选项卡中查看或
设置纹理贴图。

1. 添加纹理贴图

双击想要添加纹理的纹理贴图类型（例如漫反射、高
光、凹凸和不透明度），将打开一个窗口，可以选择应用的
纹理贴图图像文件。也可以拖放纹理库中的纹理。

2. 移除纹理贴图

右击纹理贴图类型，然后选择删除或选择纹理下拉列
表旁边的垃圾桶图标，将从材质中移除选定的纹理。如果
选择更改纹理贴图的图像文件，请选择刷新图标以更新纹
理贴图并查看更改。如果想替换纹理贴图的图像文件，请
选择文件图标并选择一个新的图像文件。

3. 映射类型

可以选择平面、框、圆柱形、球形、UV、相机和节点
的方式进行贴图。

4. 对准

参照"三平面"。

5. 尺寸和映射

调整纹理的大小和方向。

6. 颜色

参照"三平面"。

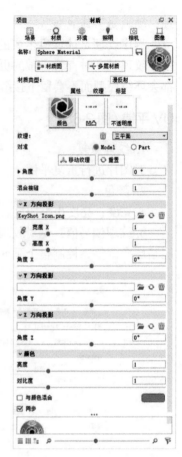

图　2-69

图　2-70

视频贴图（图 2-71）

使用视频贴图纹理，可以将图像序列设置为纹理（或标签）以对设备显示进行动画制作等。目前支持的格式包括avi、mp4、mpeg、flv、webm、dv、f4v、mov、mlv、m4v、hevc、ogg 和 ogv。

注意：某些格式可能具有不支持的变体编码（例如：avi可能包含并不直接支持的编码）。

添加视屏纹理

从纹理中选择纹理下拉菜单中的视频贴图或从标签选项卡添加标签（视频）。在文件浏览器或视频文件中选择一个图像序列以提取帧。这将在动画时间轴中创建一个节点，可以在其中定位和调整动画。

1. 映射类型

参照"纹理贴图"。

2. 对准

参照"三平面"。

3. 尺寸和映射

参照"纹理贴图"。

4. 颜色

参照"三平面"。

5. 时间设置

选择动画中运动的模式和回放模式。设置开始、结束和持续时间。

图　2-71

拉丝（图 2-72）

拉丝纹理用于模拟拉丝金属的效果，一般用于低粗糙度金属材质上的凹凸。

1. 映射类型

参照"纹理贴图"。

2. 对准

参照"三平面"。

3. 尺寸和映射

参照"纹理贴图"。

4. 颜色

此设置为纹理的高光和阴影设置颜色。

5. 凹线

a. 长度：控制拉丝的长度。

b. 对比度：参照"三平面"。

图　2-72

c. 级别：调整拉丝的数量和锐度。

d. 水平衰减：调整在水平方向上的衰减度。

6. 变化

对拉丝进行大小和失真调整。

图 2-73 为拉丝效果图。

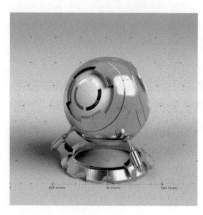

图　2-73

织物（图 2-74）

编织用来模拟许多类型的织物和编织网。

1. 映射类型

参照"纹理贴图"。

2. 对准

参照"三平面"。

3. 尺寸和映射

参照"纹理贴图"。

4. 颜色

a. 背景：经线线程和纬线线程背景的颜色。

b. 经线颜色：经线上线程的颜色。

c. 纬线颜色：纬线上线程的颜色。

5. 变化

a. 光纤：调整织线上的纤维数量。

b. 纹理：调整直线上的噪点数量。

c. 编织失真：增加此值以随机扭曲形状。

d. 色差：两条编织线之间的色相差。

e. 宽度变化：线程粗细的变化。

6. 线程

a. 经线宽度、纬线宽度：控制线程的粗细。

b. 螺纹阴影：编织线的阴影，使编织线更立体。

图　2-74

图 2-75 为织物效果图。

图    2-75

网格（图 2-76）

创建一个形状模式的图案，可用于不透明度贴图或彩色贴图。

1. 映射类型

参照"纹理贴图"。

2. 对准

参照"三平面"。

3. 剪切和映射

参照"纹理贴图"。

4. 颜色

a. 颜色：设置的是形状的颜色。如果使用"网格"作为不透明度贴图，将颜色设置为黑色来创建洞。为纹理的高光和阴影分别设置颜色。

b. 背景：设置背景颜色。如果使用"格子多边形"作为不透明贴图，请将颜色设置为白色。

5. 形状和图案

a. 缩放网格：左右旋转后面的滚轮对网格进行缩放。该缩放对形状直径和图案间距是联动调整。

b. 形状：选择网格孔的形状，有圆形、椭圆、三角形、正方形、五边形、六边形和直线几种形状可供选择。

c. 衰减：控制网格孔边缘羽化效果。

d. 形状直径：改变形状直径的大小。

e. Mesh Pattern：设置网格图案排列类型。

f. 图案间距：调整每个形状之间的间距。

6. 变化

a. 抖动：调整模式的偏差值。

b. 失真：增加此值以随机扭曲形状。

图    2-76

c.失真度：控制形态扭曲比率，值越小越扭曲变形，值越大越圆。

图 2-77 为网格效果图。

图 2-77

划痕（图 2-78）

划痕程序纹理可以用来添加风化和磨损的材质，特别是用于金属材质。

1. 对准

参照"三平面"。

2. 缩放

调整整体纹理的大小。

3. 颜色

调整划痕的颜色。

4. 背景

调整划痕背景的颜色。

5. 密度

控制生成的划痕数量。

6. 大小

调整划痕的大小。

7. 方向性噪点

控制划痕方向的随机性。减小此值使划痕方向接近一致。

8. 噪点

控制划痕的直线度。增加此值来生产更多不规则的划痕。

9. 级别

参照"拉丝"。

图 2-79 为划痕效果图。

图 2-78

图 2-79

噪点（碎形）（图 2-80）

该程序纹理可以模拟材质中的涟漪和凹凸。

1. 对准

参照"三平面"。

2. 颜色

噪点程序具有浅色和深色，可以使用颜色 1 或颜色 2 修改颜色。

3. 衰减

调整纹理边缘羽化程度。

4. 级别

参照"拉丝"。

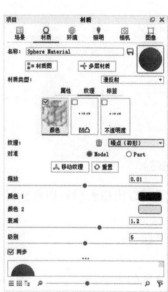

图　2-80

噪点（纹理）（图 2-81）

该程序纹理可以模拟玻璃和液体材质中的波纹。

1. 对准

参照"三平面"。

2. 缩放

调整整体纹理的大小。

3. 颜色

噪点程序具有浅色和深色，可以使用颜色 1 或颜色 2 修改颜色。

4. 大小

调整噪点的大小。

图 2-82 为噪点（纹理）效果图。

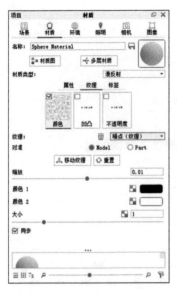

图　2-81

图　2-82

## 大理石（图 2-83）

该程序纹理可以模拟大理石柜台面材质、瓷砖或石头。

1. 对准

参照"三平面"。

2. 缩放

调整整体纹理的大小。

3. 颜色

设置大理石整体的颜色。

4. 纹理颜色

设置大理石纹理中纹理的颜色。

5. 纹理厚度

设置大理石纹理的厚度。

6. 纹理噪点

设置大理石纹理的随机波动值。

7. 纹理噪点缩放

对大理石噪点纹理进行缩放。

图　2-83

拉丝（圆形）（图 2-84）

使用圆形拉丝程序纹理对金属表面进行旋转拉丝处理。

1. 对准

参照"三平面"。

2. 缩放

调整整体纹理的大小。

3. 角度

调整纹理旋转的角度。

4. 颜色 1、颜色 2

选择对比色来创建一个环状的拉丝图案。

5. 半径

控制环产生的数量。

6. 变化

a. 角式噪点：调整这个值来改变环的宽度。

b. 失真噪点：增加此值使环从完美的圆环偏离。对于传统的旋转刷面抛光，需要将此参数保留为 0。

7. 高级

影响模型水平和竖直方向平铺纹理拉伸。一般保持默认值。

图 2-85 为拉丝效果图。

图　2-84

图　2-85

曲率（图 2-86）

使用曲率程序纹理分析模型和零件中的曲面曲率。

1. 负曲率

选择一个颜色来显示表面曲率是负方向。角度越大越接近设置的颜色。

2. 零曲率

选择一个颜色来显示零曲率。越接近平面的表面颜色会越接近设置的颜色。

3. 正曲率

选择一个颜色来显示表面曲率是正方向。角度越大越接近设置的颜色。

4. 切割

控制曲率的大小。减小值使曲率范围更小，增加值获得更大的曲率范围。

5. 半径

半径是指估计曲率时曲面上每个点周围的半径。

6. 采样值

增加样本以改善渐变的细腻程度。同时增加此参数也会增加渲染时间。

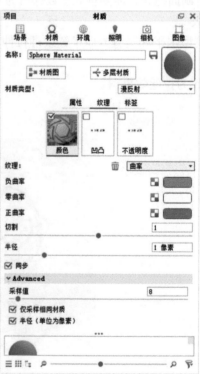

图　2-86

木材（图 2-87）

　　木材程序纹理可以自定义木材的外观。一般从塑料材质类型开始，将高光颜色更改为白色。

　　1. 对准

　　参照"三平面"。

　　2. 缩放

　　调整整体纹理的大小。

　　3. 角度

　　调整纹理旋转的角度。

　　4. 颜色1、颜色2

　　调整想设置木纹的颜色。

　　5. 环宽度

　　调整木环的厚度。

　　6. 变化

　　a. 环噪点：设置每个环中的随机波动。

　　b. 轴噪点：设置木纹整体方向的波动。

　　c. 颜色噪点：设置随机的厚薄度区域，让木环纹理看起来更随机。

　　图 2-88 为木材效果图。

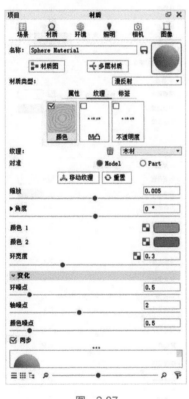

图 2-87

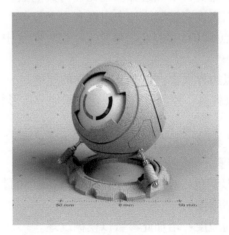

图 2-88

木材（高级）（图 2-89）

　　高级木材纹理比基本的木材纹理提供更多的参数控制，并让贴图增强真实感。

　　1. 对准

　　参照"三平面"。

2. 缩放

参照"木材"。

3. 角度

参照"木材"。

4. 冬天、春天、夏天、秋天

春季和夏季在树上形成的新木材颜色浅。在生长季节结束时，形成的新细胞变小并且变成更暗、更厚的壁。根据季节选择颜色样本以准确地对环进行着色。

5. 环宽度

参照"木材"。

6. 变化

a. 环间隔变化：该参数控制环形粗细的对比度，以代表不同的年增长率。

b. 环噪点：参照"木材"。

c. 轴噪点：参照"木材"。

d. 颜色噪点：参照"木材"。

e. 季节性色彩噪点：基于季节性颜色变化色相使每种颜色混合，使贴图更加真实。

7. 节点

a. 节点颜色：结点颜色被混合到纹理的主色中。选择一个灰色值来加深节点。

b. 节点边界：节点边界应该比任何其他颜色更暗。

c. 节点密度：控制纹理中出现多少个节点。

d. 节点年限：增加此参数以增加节点中出现的环数量。

e. 节点边界大小：更改节点边界的厚度。

f. 节点失真：控制节点的波动并添加节点形状中的不规则形状。

g. 分支缩放：控制节点的整体大小。

8. 纹理

a. 纹理洇色：控制颜色融入环两侧颜色的数量。降低环边缘的清晰度。

b. 轴向粒度：增加此参数以模糊纹理。

c. 环粒度：调整木环的厚度。

d. 纹理缩放：调整木环之间的纹理条纹的大小。

e. 纹理厚度：调整木环之间的纹理条纹的厚度。

9. 高级

通过此设置参数对所有前面的参数增加细腻度和随机性，创建更自然的外观。

图 2-89

图 2-90 为木材（高级）效果图。

图　2-90

## 污点（图 2-91）

污点程序纹理用来创建表面上散乱斑点的纹理图。

1. 对准

参照"三平面"。

2. 缩放

参照"纹理贴图"。

3. 颜色

设置斑点的颜色。

4. 背景

设置背景的颜色。

5. 单元类型

选择污点的形状，有圆形、正方形和菱形。

6. 密度

控制表面上出现的斑点数量。

7. 半径

改变生成的斑点的整体大小。

8. 衰减

羽化形状的边缘。

9. 失真

使斑点的形状随机扭曲。

10. 级别

改变不同级别之间的大小差异。将该值增加到大于 1 用来减小最小光斑尺寸。将该值减小到小于 1 用来增加最大光斑尺寸。

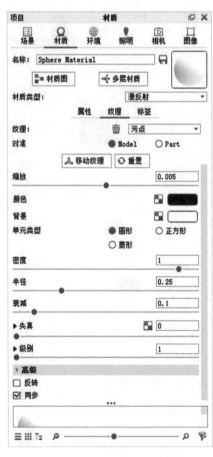

图　2-91

## 11. 高级

参照"木纹（高级）"。

图 2-92 为污点效果图。

图　2-92

## 皮革（图 2-93）

皮革程序纹理可以制作皮革纹理材质。

1. 对准

参照"三平面"。

2. 缩放

参照"纹理贴图"。

3. 颜色 1

皮革凸点的颜色。这种颜色应该比颜色 2 更亮，但是为了使皮革更逼真，应尽可能接近颜色 2。

4. 颜色 2

皮革凹处的颜色。这种颜色应该比颜色 1 更暗。

图 2-94 为皮革效果图。

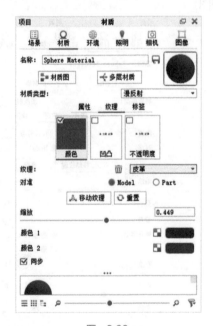

图　2-93

图　2-94

## 花岗岩（图 2-95）

该纹理可以模拟一个花岗岩、瓷砖或石头的纹理。

1. 对准

参照"三平面"。

2. 缩放

参照"纹理贴图"。

3. 颜色

整体纹理的颜色。

图 2-96 为花岗岩效果图。

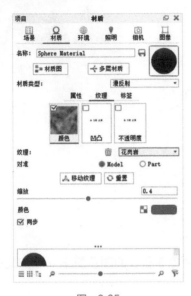

图 2-95　　　　　　　　　　　图 2-96

**蜂窝式**（图 2-97）

蜂窝式程序纹理可以创建各种纹理贴图。可以创建锤打纹理、裂纹表面和弄皱的纸张等。

1. 对准

参照"三平面"。

2. 缩放

参照"纹理贴图"。

3. 颜色 1

纹理的颜色。

4. 颜色 2

背景的颜色。

5. 单元类型

可选择纹理的形状，有圆形、正方形和菱形。

6. 对比度

指凹凸贴图的峰值和谷值的差异。此参数可以更精细地控制。

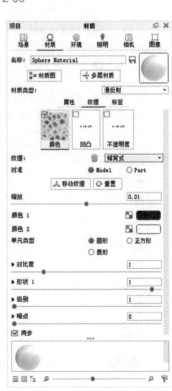

图　2-97

7. 形状

控制使用此滑块生成的分形形状。

8. 级别

参照"拉丝"。

9. 噪点

添加噪点的线分形形状。

图 2-98 为蜂窝式效果图。

图 2-98

迷彩（图 2-99）

使用迷彩程序纹理模拟真实世界中的迷彩纹理。

1. 对准

参照"三平面"。

2. 缩放

参照"纹理贴图"。

3. 颜色 1、颜色 2、颜色 3、颜色 4

设置要在纹理中使用的颜色混合。

4. 颜色平衡

颜色 1~4 以降序排列，因此颜色 1 的颜色比颜色 3 和 4 的颜色更多。增加此参数以平衡颜色比例，或者减小参数以增加差异。

图 2-99

5. 失真

改变这个参数来控制形状复杂程度。

6. 变化

增加此参数可以羽化形状的边缘。

图 2-100 为迷彩效果图。

图 2-100

遮挡（图 2-101）

遮挡程序可以用来突出或增强投射到材质上的自
身阴影，加强模型体积感。

1. 遮挡

选择一种颜色，在有彼此相邻表面的地方使用。
请选择颜色较暗值以创建更深的阴影。

2. 未遮挡

选择一种颜色，在相互接近的表面数量最少的地
方使用。

3. 半径

这是遮挡物体的最大距离。如果物体距离较远，
则不会在遮挡计算中。这个值将控制阴影颜色的深度
对模型达到"遮挡"效果。

4. 衰减

控制两种颜色混合的方式。

5. Bias

a. 正常：调整模型上"未遮挡"和"遮挡"颜色
之间的对比度。

b. Bias X、Bias Y、Bias Z：调整场景中 X、Y 和 Z
方向上"遮挡"颜色的强度。

6. 高级

控制渲染图像的质量。

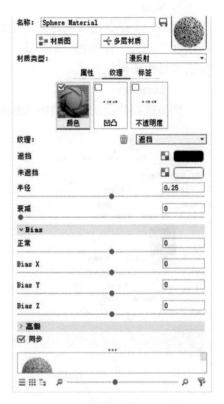

图　2-101

顶点颜色（图 2-102）

顶点颜色纹理仅用于从支持顶点颜色纹理贴图的
其他 3D 应用程序导入的几何图形。如果从不兼容的
3D 应用程序导入，它不会产生任何影响。

1. 默认颜色

从导入的顶点纹理控制用于 Alpha 通道的背景
颜色。

2. 倍增器

将颜色与导入的顶点颜色纹理混合。

颜色渐变（图 2-103）

可以在纹理上混合两种或两种以上的不同颜色，
而无须创建自定义纹理贴图。

1. 对准

参照"三平面"。

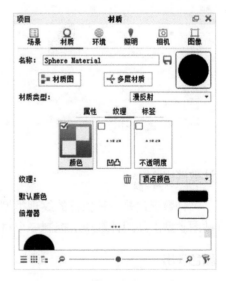

图　2-102

2. 角度

调整整个纹理的角度。

3. 颜色

双击一个颜色滑块选择应用于颜色渐变的颜色。使用三角形滑块来确定渐变的中点。要向渐变添加另一种颜色，请单击"+"图标。要删除颜色，请选择要删除的颜色滑块，然后单击垃圾箱图标。

4. Location

调整选择的滑块这个数值来控制所选颜色位置。

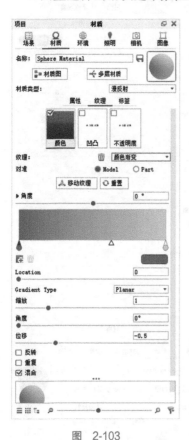

图 2-103

5. Gradient Type

选择想要的渐变类型。

6. 缩放

缩放纹理的比例。

7. 角度

以度数递增的方式旋转表面上的纹理。

8. 位移

使用它来递增地移动表面上的纹理。

图 2-104 为颜色渐变效果图。

图 2-104

计数淡出

计数淡出是一种独特的纹理类型，可快速制作贴图类型的动画。例如，可以在不透明度贴图类型上使用计数淡出控制一个材质从不透明渐变为透明的材质动画效果。

颜色淡出

可以快速设置颜色变化的动画。通过在颜色渐变编辑器上添加颜色停止，可以在两种颜色或任意颜色组合之间进行渐变色渐变。

### 2.3.3　贴图类型

KeyShot 具有四种主要的贴图类型以及一些可以接受纹理的材质和纹理设置。每种材质类型都使用纹理贴图类型，具体取决于材质类型和设置。您将在"项目"窗口的"贴图"选项卡中看到可用的贴图类型。

#### 漫反射贴图

漫反射（也称为基色或透射）贴图类型允许应用图像纹理或 2D、3D 过程纹理来替换基本固体漫反射、基色和透射设置。此贴图类型提供全彩色信息，并在使用具有 Alpha 透明度信心的 PNG 贴图时显示透明度。

#### 高光贴图

高光贴图类型可以使用黑色和白色值来指示具有不同级别的镜面反射强度的区域。黑色表示 0% 镜面反射率的区域，而白色表示 100% 镜面反射率的区域。举个例子，金属部分是反射性的，发出镜面反射，而锈斑则没有。所以锈斑区域应为黑色，而金属区域则为白色。

#### 凹凸贴图

凹凸贴图用于创建材质中的细节，这些细节不容易在构建模型上实现，例如示例中的锤打镀铬和拉丝镍。有两种应用凹凸贴图的方法：第一种最简单的方法是使用黑白图像，第二种方法是使用法线贴图。

黑白图像：对凹凸贴图使用黑白图像时，黑色值被解释为凹陷值，白色值被解释为凸出值。

法线贴图：法线贴图包含比标准黑白凹凸贴图更多的颜色。这些附加颜色表示 X、Y 和 Z 坐标上的不同失真水平。这可以创建比仅表示两个维度的黑白凹凸贴图更复杂的凹凸效果。但是，大多数凹凸效果看起来非常逼真，无须使用法线贴图。需要使用法线贴图的时候勾选此选项即可。

凹凸高度：通过凹凸贴图，凹凸高度可以由贴图控制。增加值会改变凸起或凹陷的峰值，并且有助于在纹理需要更加容易观察时增大凸起量。

#### 不透明度贴图

不透明度贴图类型可以使用黑色和白色值或 Alpha 通道来使材质区域透明。这对于创建所示的网格材质等材质非常有用，而无须实际对孔进行建模。

不透明度模式：不透明度模式可以设置为三种不同的方法：

Alpha：使用嵌入图像中的任何 Alpha 通道创建透明度。如果没有 alpha 通道，则不会显示透明度。

颜色：黑色区域为完全透明，白色区域完全不透明，50% 灰色将是 50% 透明。此方法可用于避免使用 Alpha 通道。

色彩反转：对换颜色信息。白色将完全透明，黑色将完全不透明，50% 灰色将是 50% 透明。

## 2.3.4 映射类型

"图像纹理"和"2D 纹理"可以将拍摄的 2D 图像放置到 3D 对象上。不同的映射方式会影响它们的显示方式。KeyShot 为这些类型的纹理提供了七种不同的映射类型。当"图像纹理"或"2D 纹理"处于激活状态时，将看到以下"映射类型"选项。

平面

平面贴图类型将在 X、Y 或 Z 轴上投影纹理。方向在交互式移动纹理工具中设置。在所选轴上未定向的 3D 模型的曲面将显示其他两个轴中纹理的伸展。

框

框贴图类型将从立方体的六个边向 3D 模型投影纹理。纹理将从立方体的一侧投射，直到出现拉伸，然后下一个最佳投影侧将接续。框映射是一种快速、简便的贴图方式，在大多数情况下都可以使用，因为纹理变化较小。

球形

球形贴图类型从球体向内投影纹理。纹理在赤道上最像原始图像。纹理在到达球体的两极时开始收敛。

圆柱形

圆柱形贴图类型将从圆柱体向内投影纹理。纹理投射在面向圆柱体内部的表面上最好。不面向圆柱体内壁的表面上的纹理将向内伸展。

UV

UV 贴图类型是另一个将 2D 纹理应用到 3D 模型的完全不同的方法。使用 3D Studio Max 或 Maya 等 3D 应用程序，可以设计纹理贴图如何应用于每个表面。与工业行业相比，它更耗时且更广泛地用于娱乐行业。

相机

相机映射类型将保持相对于相机的纹理。无论相机的位置如何，这将在表面上提供一致的纹理外观。

节点（图 2-105）

节点映射类型可以使用 UV 程序纹理。

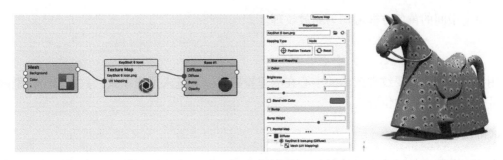

图　2-105

### 2.3.5　纹理操作轴

如图 2-106 所示，除了自动映射模式之外，KeyShot 还有一个交互式映射工具，可以交互式地缩放、平移和定位任何自动映射类型方式。

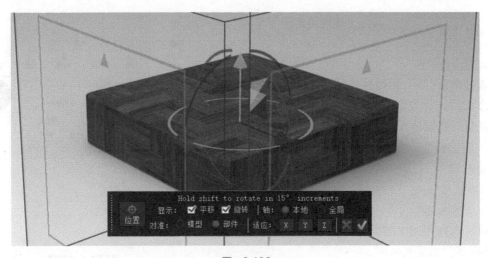

图　2-106

交互式贴图工具用于在纹理映射到模型时微调纹理的位置。该工具通过材质编辑菜单中的纹理贴图选项卡进行访问，并且在框、球形和圆柱形贴图模式下可用。

平移

使用箭头手柄移动 X、Y、Z 轴上的纹理贴图位置。要平移映射纹理，请单击三个箭头中的任意一个。红色、绿色和蓝色箭头对应于 X、Y 和 Z 轴。

旋转

使用圆柱形手柄旋转纹理贴图并将其与模型对齐。按住 shift 可将旋转限制为 15° 增量。

缩放

使用立方体手柄来更改纹理贴图的大小。单击红色、绿色或蓝色方框仅在一个轴上缩放纹理，单击中间的黄色方框可均匀缩放纹理。

**定位**

用它来确定你想要纹理图像的中心在哪里投影。一旦进入位置模式，只需单击模型的表面即可更改纹理投影的位置。

**取消或确认更改**

在使用贴图工具调整贴图映射后，单击绿色"√"以确认更改并关闭贴图工具。单击红色的"×"取消更改并关闭映射工具。

# 2.4 标签混合

## 2.4.1 标签属性

标签属性（图 2-107）

1. 添加标签

通过单击"+"图标并选择"添加标签"添加标签。添加后，标签名称将显示在列表中。也可以选择"复制"来创建现有标签的副本。

2. 删除标签

通过选择列表中的标签并单击垃圾桶图标来删除。

3. 复制标签

通过选择列表中的标签并单击"+"图标再选择"复制标签"来复制标签。

4. 分层

标签将在添加时进行分层。如果标签重叠在模型上，它们将按照与标签列表中相同的顺序堆叠在标签列表中。按向上和向下箭头按钮可以调整标签的顺序。

5. 标签类型

每个标签可以分配一种材质类型。标签的默认材质是塑料，但可以更改为半透明、平坦、油漆、漫反射、金属、半透明（高级）、各向异性、塑料（高级）、金属漆、高级、Toon、X射线和自发光。标签属性选项卡将显示所选标签类型的参数设置。

图 2-107

## 2.4.2　标签纹理

标签纹理（图 2-108）

在标签纹理中，可以将其他贴图添加到标签，与材质的贴图标签类似。使用纹理贴图列表中的复选框来启用或禁用纹理贴图。

1. 刷新 ↻

如果修改了纹理贴图，单击"刷新"按钮会更新模型的贴图显示效果。

2. 加载 📂

如果要更换纹理贴图，可以单击"加载"按钮浏览计算机硬盘路径找到需要的新纹理贴图。贴图的文件名称及后缀将会显示在文本框内。

3. 映射类型

可以选择平面、框、圆柱形、球形、UV、相机和节点的方式进行贴图。

4. 对准

a. 模型：以整个模型为基准。

b. 部件：以单个部件为基准。

c. 移动纹理：启用移动纹理工具和提示。

d. 重置：回到纹理调整之前的初始状态。

5. 尺寸和映射

a. 使用 DPI 表示尺寸：勾选此选项，图片的大小用分辨率值来调整大小。

b. 角度：可调整图片旋转的角度。

6. 颜色

a. 亮度：亮度也称明度，表示色彩的明暗程度。

b. 对比度：指的是一幅图像中明暗区域最亮的白和最暗的黑之间不同亮度层级的测量。差异范围越大代表对比越大，差异范围越小代表对比越小。

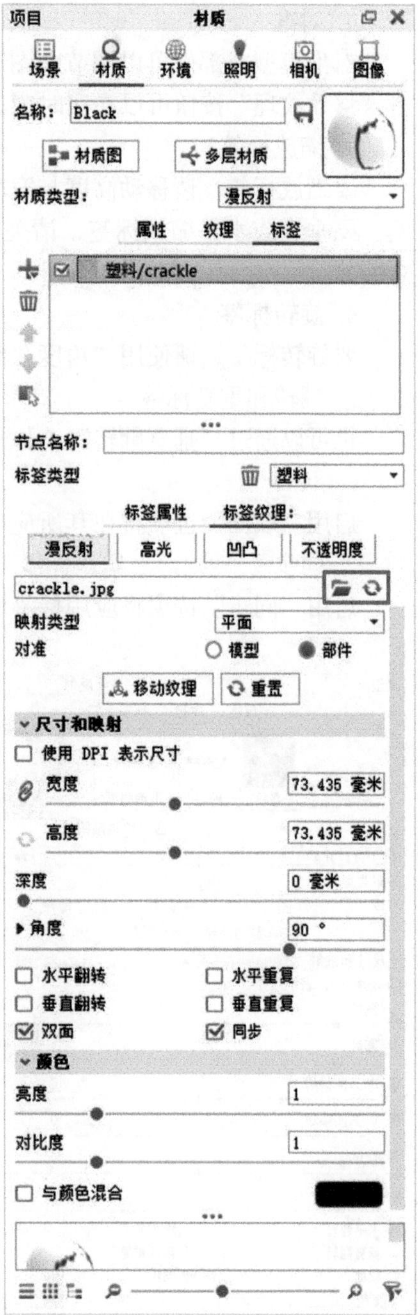

## 2.4.3　标签映射

标签映射（图 2-109）

1. 映射类型

标签的默认投影是法线投影，这使得标签交互式的投影到物体表面上。可以使用映射类型下拉菜单改变类型。可选择的映射方式有平面、框、圆柱形、球形、UV、相机、节点。

图　2-108

2. 对准

对准模型或部件可以调节贴图纹理映射整个对象或单个部件对象，使其贴合更准确。单击"移动纹理"按钮可以在实时窗口调整贴图位置和变化。

3. 缩放标签

要缩放标签，请移动高度与宽度缩放滑块。这将调整标签的大小并保持高度和宽度的比例。要垂直或水平缩放标签，请关闭锁定按钮单独设置高度与宽度参数以在 X 或 Y 轴上独立缩放。

4. 旋转标签

要旋转标签，请使用"角度"滑块来设置标签旋转的角度。

5. 翻转和重复标签

也可以通过"垂直翻转""水平翻转""水平重复""垂直重复"选项翻转和重复标签。

6. 双面

启用"双面"选项将在其所应用的表面的两侧显示标签。

7. 同步

启用"同步"选项将应用标签的所有纹理贴图同步贴图设置。

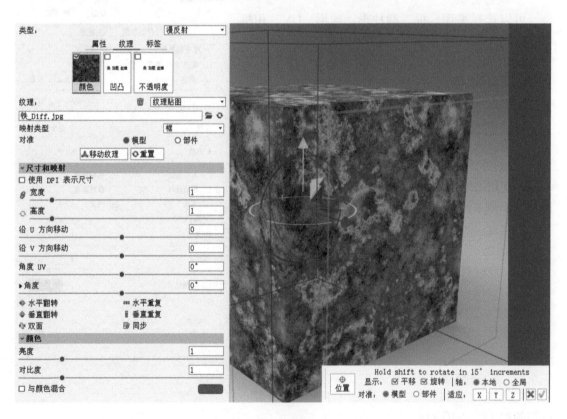

图 2-109

### 2.4.4　标签材质混合

材质混合标签用法是在高级节点编辑器当前材质基础上增加一个标签材质，通过不透明方式混合叠加。

如图 2-110 所示，首先需要给一个塑料（高级）的基本材质，通过参数调整为磨砂黑色的塑料材质。

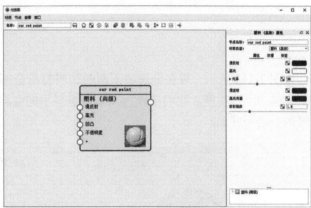

图　2-110

为了做出表面金属亮片效果，添加了一个金属材质并调整参数，将它链接到第一层黑色塑料的标签上，此时金属材质将下面的黑色塑料全部覆盖。模型将显示金属材质，如图 2-111 所示。

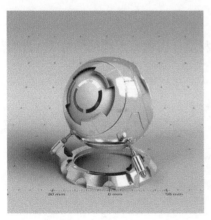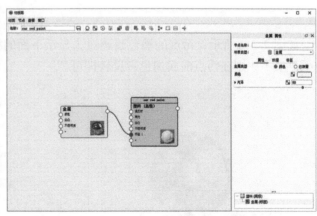

图　2-111

为了给金属一个彩色的颜色，可以用渐变纹理，颜色调整为自己想要的颜色，然后将渐变纹理链接到金属的颜色上，如图 2-112 所示。

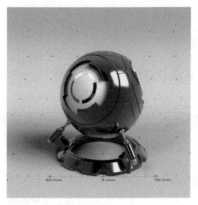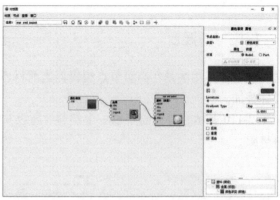

图　2-112

如图 2-113 所示，现在金属将下面的塑料材质全部覆盖了，此时需要用一张黑白贴图来控制金属的不透明度。我们选择污点来调整显示的金属亮片大小和数量，然后将污点链接到金属的不透明度上。

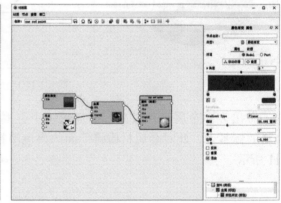

图　2-113

如图 2-114 所示，污点的黑色是透过去显示下面的材质，白色显示链接的材质。此时黑白颜色反了，则在污点前面加色彩反转即可。

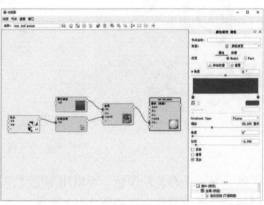

图　2-114

用上面的方式可以加标签 1、标签 2、标签 3……（无限加标签），但是新加的标签会自动是标签 1，并按顺序盖住下面材质，这样就可以在基础材质上面加上想要的各种纹理了。

## 2.4.5　标签 LCD 屏反光板

如图 2-115 所示，红色框线内摄像头的倾斜渐变灯光效果，如果是用打光方式去做势必会干扰整个手机场景氛围。所以需要变通另外一种方法来制作，既可以表现倾斜渐变灯光效果又不影响整个场景的灯光氛围。使用标签反光板方法来模拟上图的效果，不需要后期 PS 直接渲染出图，非常方便。

图　2-115

1. PS 制作渐变纹理贴图

如图 2-116 所示，打开 Photoshop 新建一个 1024×1024 像素文件，用油漆桶工具选择第二个白色渐变，多边形套索工具画出倾斜选区，拉渐变填充并保存透明 png 贴图格式。（切记删除背景层）

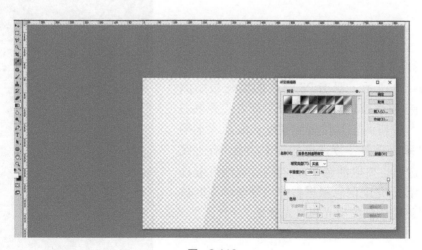

图　2-116

**2. 创建自己的场景材质**

如图 2-117 所示，这里摄像头部分由于是光滑
材质，所以是创建的油漆材质第一层基础材质，"颜
色"为纯黑色，"粗糙度"为"0"（镜面反射），"折
射指数"设置为"1.5"。

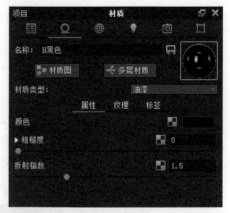

图 2-117

**3. 创建节点材质**

如图 2-118 所示，单击"材质图"按钮打开节
点编辑器，右键创建塑料材质并把 png 贴图拖进来。

图 2-118

**4. 编辑塑料材质**

如图 2-119 所示，编辑中间的塑料材质节点，
"高光"改成纯白色，"粗糙度"设置为"0"，"折
射指数"设置为 1.5。

图 2-119

**5. 编辑反光板纹理节点**

如图 2-120 所示，双击 PS 制作的反光板贴图
节点，右侧参数面板映射类型改成平面方式并单击
"移动纹理"按钮调整其位置和角度，取消"水平
重复"和"垂直重复"复选框的选中状态（有时候
"同步"复选框也要取消选中），勾选"双面"复选
框，颜色参数的亮度信息根据整体场景微调亮度数
值即可。最终完成模拟反光板打光效果。

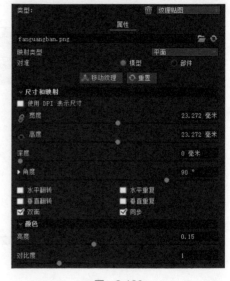

图 2-120

# 2.5　节点材质

## 2.5.1　节点编辑器界面

材质图菜单栏（图 2-121）

1. 材质

新：新建一个没有编辑过的漫反射材质。

保存到库：将制作的材质保存到 KeyShot 库中的指定文件夹。

导出：将制作的材质导出为指定文件夹中的 KeyShot MTL 文件类型。

2. 节点

这里提供了材质、纹理、动画和实用程序节点到工作区的快速添加。

3. 查看

这里可以访问布局图。布局图可自动排列工作区窗口里的链接节点。它还能在实时窗口中预览各个节点设置的选项，例如颜色、alpha 和凹凸。也可以在此菜单中停止预览。

4. 窗口

这里可以隐藏或显示材质属性窗口、材质和纹理库以及材质图功能区。

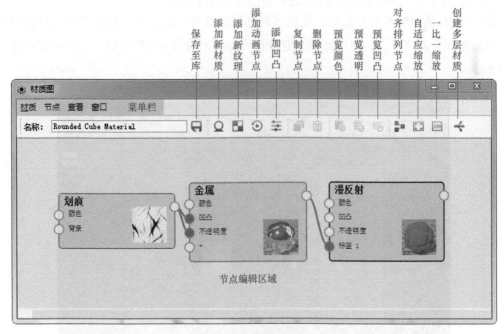

图　2-121

107

材质图功能区

功能区可快速访问菜单栏中的相同功能。快速访问节点操作图标为每个类别添加默认节点。"材质"图标添加高级材质节点；纹理图标添加传统纹理贴图，并打开文件浏览器窗口以选择图像文件；"动画"图标添加一个颜色渐变节点；实用程序图标添加一个凹凸添加节点。

1. 预览模式

功能区还包含用于显示菜单栏上"查看"中的预览模式的切换。要激活预览模式，请选择想要预览的节点。选择节点后，可用的预览模式将变为可选。单击预览模式将其激活，将使所选节点在工作区域变为红色。要禁用预览模式，再次单击功能区上激活的预览模式。

2. 工作区域控制

在"材质图"功能区末端，有用于对齐工作区内节点，适合工作区域内所有节点以及以100% 缩放级别查看节点的按钮。

3. 材质图库窗口

材质和纹理库包含有节点菜单和工作区右键菜单中找到的所有相同节点的组织缩略图显示。

4. 材质图属性

"材质属性"对话框显示了正在编辑的当前节点的关联属性，类似于"项目"窗口中的"材质"选项卡，但可以访问所有节点。

5. 材质图工作区域（图 2-122）

工作区域显示材质、纹理、标签、素材动画和实用程序的所有节点和链接。

右击工作区以访问与节点菜单中找到的节点相同的节点。左击可以选择一个节点。通过左击并按住 Ctrl 键（Mac 系统是 Cmd 键）可以选择多个节点。

按住 Shift 键同时单击并拖动，使用选取框可以选择一组节点。右击节点选择删除或复制可以删除或复制该节点。使用鼠标中键滚轮可以放大或缩小工作区域，使用鼠标左键可以进行平移。

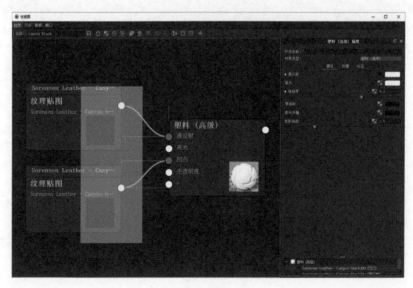

图 2-122

## 2.5.2　材质节点类型

图 2-123 所示为典型的车漆材质模拟。车漆材质的模拟可以从四个层面来理解：基色层、基础反射层、金属薄片层、表面清漆层。每个层的具体参数可以单独控制单个层以调整出不同的车漆效果。这里以图 2-123 为案例，讲解材质节点的使用方式。

图　2-123

贯穿整个高级节点材质编辑的核心内容是，利用图像的色彩信息来对模型上不同部位的材质进行非统一的调整，材质节点的使用核心也是利用不同纹理贴图的颜色信息来控制不同材质的融合和叠加。下面从这个车漆材质的四个层面去观察，如图 2-124 所示。第一层基色层是一个红色的基础色，所以将第一层基色调整成红色。在观察第二层基础反射层的时候，发现金属漆的表面会有一些很细小的金属颗粒，而且金属漆本身的颜色还是红色，所以金属颜色参数也调整成红色（但是需要比基色的红色略微淡一些。如果颜色一样，那么金属颗粒的效果就没有了）。第三层金属薄片层由金属覆盖范围以及金属表面的粗糙度来控制。金属覆盖范围越大，材质的金属感越强，金属表面的粗糙度控制内部金属薄片的大小、密度等。那么，第四层的表面清漆层毫无疑问就由透明图层来控制了，透明图层光泽就是控制材质最外层表面的高光颜色的，通过观察不难发现，材质表面的高光颜色是白色，所以这里的透明图层光泽颜色选择白色。

图　2-124

调整完成之后我们发现材质效果其实还有些差距，金属薄片层效果还不够强烈。这时候通过材质参数好像不太容易实现我们想要的效果，所以这里采用材质节点来制作想要的金属薄片效果。

观察材质表面的金属薄片的特征，表面的金属薄片反射值很高且零星分布，所以可以先创建一个高反射的金属材质，如图 2-125 所示。通过标签的方式将金属漆的材质球覆盖住，然后再通过合成一张具有零星效果的黑白贴图来控制高反射金属材质的分布。

首先，创建一个金属材质，根据金属薄片的材质特征调整粗糙度和颜色，并将其链接到金属漆材质的标签 1 里面。

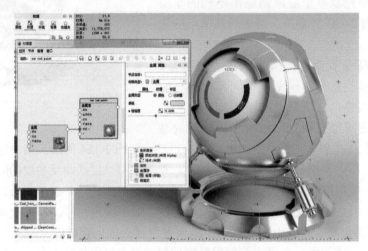

图 2-125

这样，金属材质就将金属漆材质完全覆盖了。那么接下来就需要通过一些贴图将需要的零星黑白贴图制作出来。如图 2-126 所示，首先利用污点程序纹理制作一个大概的零星黑白贴图的效果。注意，白色部分是之后留下高反射金属的部分（黑色透明白色不透明）。

图 2-126

大致做完黑白贴图之后我们发现，案例参考图片中金属薄片的分布是有一定规律的。视线近端的金属薄片数量较多，视线远端金属薄片数量较少，而我们的黑白贴图会导致整个模型上都会随机分布金属薄片，所以需要再通过一张贴图来限制黑白贴图的白色信息的范围。因此可创建一个颜色渐变的贴图，如图 2-127 所示，调整到我们想要的效果。

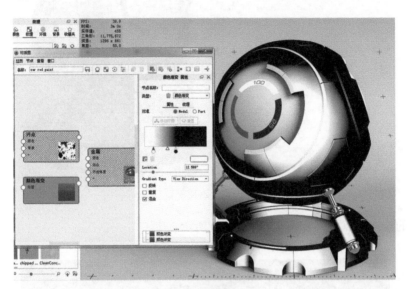

图　2-127

有了这两张图之后，就需要对这两张贴图做一个融合，这里用到常用工具里的色彩复合节点来混合两张贴图，如图 2-128 所示。在这里需要将色彩复合的背景颜色改成黑色。

图　2-128

得到我们想要的黑白贴图之后就可以将它链接到金属材质的不透明度参数上了。如图 2-129 所示，链接上之后就可以看见表面较为明显的金属颗粒了。

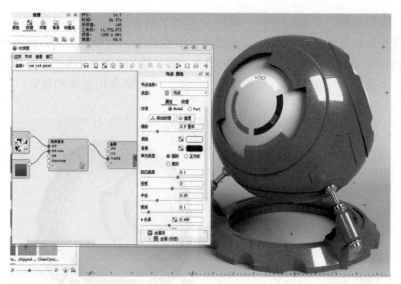

图 2-129

该材质的全部节点、编辑预览如图 2-130 所示。

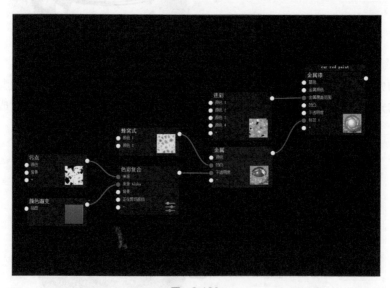

图 2-130

## 2.5.3 纹理节点类型

图 2-131 是一个常见的做旧金属材质模拟，这个材质的模拟也可以一层一层地来理解。纹理节点材质的使用方法就是利用贴图的颜色信息来对材质的一些参数进行控制。下面以图 2-131 为例来讲解纹理节点的使用方式。

首先观察这个材质的基础属性应该是金属材质，所以可以选择金属材质来进行第一步的调整。如图 2-132 所示，先根据材质的基础颜色来创建一个颜色相同的金属材质。

图　2-131

图　2-132

接着我们发现案例金属的表面是有磨砂效果的,但是这个磨砂效果又不是均匀的,这里就需要利用贴图来对金属表面的粗糙度进行控制了。我们找到一张合适的贴图,如图 2-133所示,然后将其映射方式调整到自己想要的位置。这里需要注意的是,因为粗糙度是由数值来控制的,而现在只有一个色彩信息,所以需要借助节点工具"要计数的颜色"来将图片的色彩信息转化为数字信息。图片的色彩信息转化成数字信息之后,就能够准确地控制材质的粗糙度了。

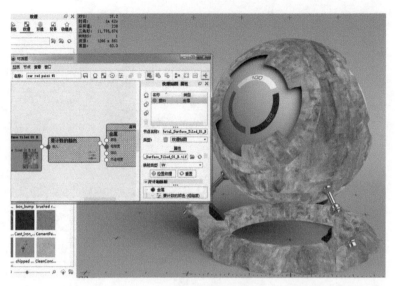

图 2-133

如图 2-134 所示，链接好之后就得到了一个接近案例基础层的材质效果了。

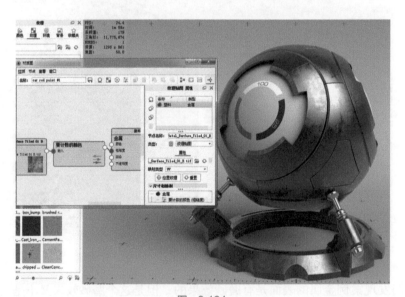

图 2-134

在这之后我们需要在材质表面做一个细微的凹凸效果，来模拟材质表面的划痕，所以我们找到两张贴图，打算用这两张贴图来模拟材质表面的细微凹凸效果。我们利用节点工具里的"凹凸添加"来合成两张贴图，使其变成一张凹凸贴图，如图 2-135 所示。

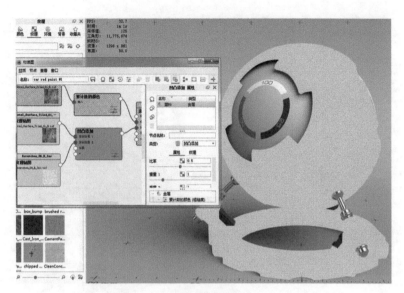

图　2-135

如图 2-136 所示，将合成后的凹凸贴图链接到金属的凹凸参数上之后，基础层材质就调整得差不多了。

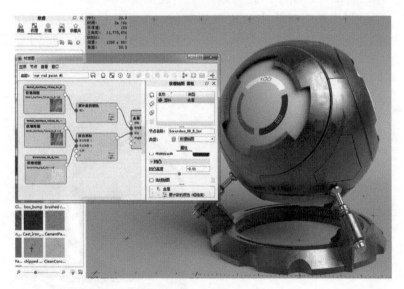

图　2-136

接下来，我们观察到案例的模型拐角处都会出现一些深色的类似铁锈一样的材质成分。我们可以参考上一个材质节点的案例去构建一个铁锈的材质，并且将这个材质以标签的形式链接到金属表面。再创建一个只有转角部分是白色的贴图来控制铁锈的透明度就可以了。

首先创建一个铁锈的基础金属材质，并将其以标签的形式覆盖到基础的金属层材质上，如图 2-137 所示。

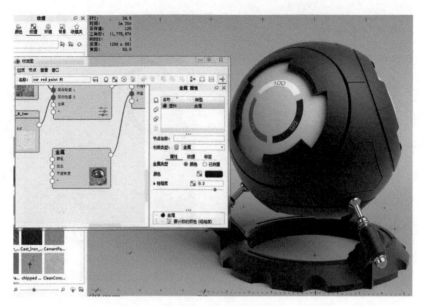

图 2-137

　　紧接着，要借助贴图来构建一个我们需要的黑白区域的合成贴图。这里用到了一个常用的程序纹理"曲率"，"曲率"是可以单独生成模型不同曲率值位置的颜色深浅的一个程序纹理，也是制作怀旧材质中运用很频繁的一个程序纹理贴图。如图 2-138 所示，利用"曲率"将模型的拐角处单独上色，并与纹理贴图进行合成，得到需要的黑白区域贴图。

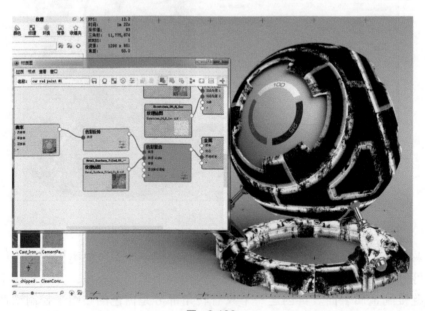

图 2-138

如图 2-139 所示，最后将合成的透明度贴图链接到铁锈层的不透明度参数就完成了。

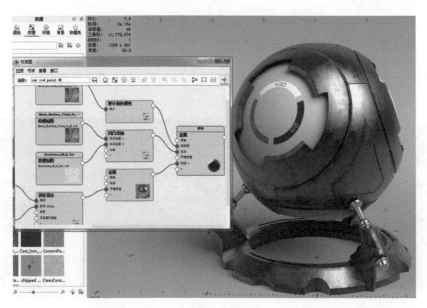

图 2-139

该材质的全部节点编辑预览如图 2-140 所示。

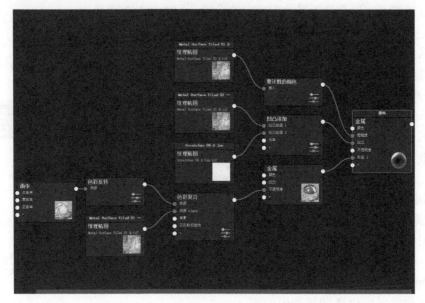

图 2-140

## 2.5.4 动画节点类型

动画节点允许对材质颜色和设置进行操作。

颜色淡出（图 2-141）

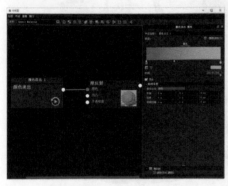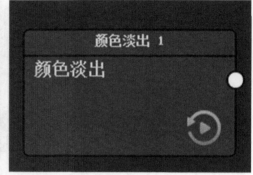

图 2-141

"颜色淡出"动画节点的独特之处在于，它允许创建任何自定义材质颜色色板的更改参数。当添加"颜色渐变"节点时，动画节点将自动在动画时间轴中创建。像其他动画节点一样，可以选择节点并更改动画属性窗口中的设置，如图 2-142 所示。

1. 颜色滑块

设置从一个颜色到另一个颜色的区间。单击滴管圆圈选择它，然后使用色样选择一种颜色。如果想添加超过 2 种颜色以淡入，单击颜色栏下方的空白区域以创建另一种颜色样本。单击并将颜色引脚和渐变顶点滑块拖动到所需的动画效果。

2. 时间

使用颜色条上选择的颜色，选择在时间轴中的哪个位置输入为选定的颜色。

3. 时间设置

使用这些设置可以微调场景中的颜色淡化动画。

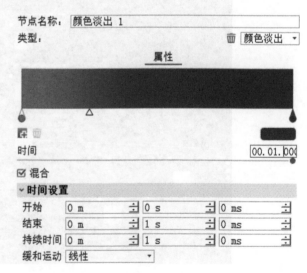

图 2-142

计数淡出（图 2-143）

图　2-143

"计数淡出"动画节点是独一无二的，因为它允许在自定义材质中创建任何数值属性的变化参数。当添加数字渐变节点时，将在动画时间轴中自动创建一个动画节点。像其他动画节点一样，可以选择节点并更改动画属性窗口中的设置，如图 2-144 所示。

1. 自（From）

使用滑块或输入特定的值，设置动画开始的位置。

2. 至（To）

使用滑块或输入特定的值，设置动画结束的位置。

3. 时间设置

使用这些设置可以微调场景中的数字淡入淡出动画。

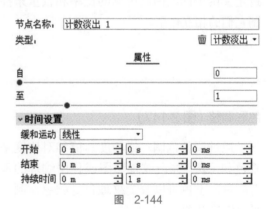

图　2-144

### 2.5.5　实用节点类型

如图 2-145 所示，实用节点类型是节点材质编辑中最常用的节点部分，对复杂纹理调节或混合很有用。

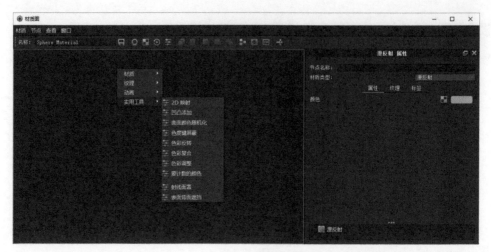

图 2-145

### 凹凸添加 (图 2-146)

结合两个凹凸纹理贴图或程序纹理。通过定义两个凹凸高度可见的比率和权重来控制它们的相互作用。

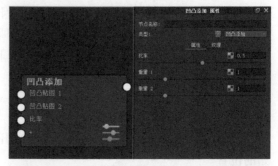

图 2-146

### 色彩调整 (图 2-147)

通过调整色调、饱和度、值和对比度来着色和 (或) 修改纹理贴图或程序纹理的现有颜色。上色可以改变纹理自身颜色,颜色可以链接贴图。

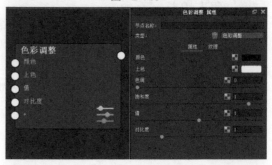

图 2-147

### 色彩复合 (图 2-148)

多层和组合两个纹理映射或程序纹理的混合模式和透明度 (Alpha) 的控制。来源和背景混合都可以用对应的 Alpha 控制透明度。类似于两张贴图混合方式。

图 2-148

## 色彩反转（图 2-149）

反转源纹理贴图或程序贴图的颜色，如黑色反转成白色，控制不透明贴图或黑白贴图反转等。

图　2-149

## 色度键屏蔽（图 2-150）

在纹理贴图或程序纹理中遮盖指定的颜色。通过调整容差值和模糊度来控制屏蔽的强度；还可以反转。

图　2-150

## 要计数的颜色（图 2-151）

要计数的颜色节点将颜色转换为单个浮点数字。这通常是隐含的，黑色是 0，白色是 1，但有时候需要更多的控制。该功能很有用，例如用于控制粗糙度贴图，可以使用要计数的颜色节点来轻松调整映射黑色或白色图像，例如 0.05~0.10，否则这很难做到。

图　2-151

### 2.5.6　多层材质

任何材质都可以变成多种材质，以促进非破坏性材质互换、变动或颜色演示。多种材质可在单一"容器"材质列表内循环使用各种材质。要查看或编辑列表中的不同材质，只需选择一种材质以使其在实时视图中处于活动状态。也可以使用箭头键在列表中向上或向下循环。

#### 转换为多种材质

编辑材质时，选择"材质"选项卡上方的"多层材质"图标将单个材质转换为多种材质，如图 2-152 所示。

图　2-152

添加多种材质

有多种方法可将新材质添加到"多种材质"列表。

拖放

只需将材质库中的材质预设拖放到多种材质列表中即可。

新建塑料

选择"多层材质"列表左侧的"新建塑料"图标 🔾，将添加一个标准的塑料材质。

重复材质

选择"多层材质"列表左侧的"复制材质"图标 🔾，将复制与任何纹理和（或）标签一起选择的材质，但保持纹理和标签不链接。

重复材质和链接纹理

选择"多层材质"列表左侧的"复制材质和链接纹理"图标 🔾，将复制所选材质以及任何纹理和（或）标签，但保持纹理和标签链接。

删除多种材质

要从多种材质列表中删除材质，选择垃圾桶图标 🗑 或单击删除。此外，可以通过将其他材质拖放到零件上来覆盖添加到列表中的所有材质，也可以通过选择"多层材质"图标关闭"多层材质"列表来取消"多层材质"设置。

# 03 | 第3章 灯光

## 3.1 环境 HDRI

### 3.1.1 环境界面

在 KeyShot 中，照亮场景的主要方法是通过环境照明。环境照明采用球形高动态范围成像（HDRI）来表示内部或外部空间的完整以及准确的照明效果，如图 3-1 所示。

环境预设：KeyShot 配备了许多环境照明预设，可以从"库"窗口的"环境"选项卡访问预设的所有环境，其他环境可以在 KeyShot 云上访问。

环境标签："环境"选项卡用于控制环境照明的所有设置。从"项目"窗口的"环境"选项卡中访问该设置。

HDRI 编辑器：KeyShot Pro 用户将直接在 HDRI 预览下的"环境"选项卡上看到 HDRI 编辑器按钮。

1. 多层环境

KeyShot 旨在提供即时使用的真实照明。通过环境预设和修改它们或自定义环境，场景可以按照所需的方式实时显示。

a. 环境列表。"项目"窗口的"环境"选项卡包含将不同环境及其设置保存到列表以便快速访问和导航的功能。当打开一个新场景时，环境列表将填入在"常规首选项"中指定的默认启动场景中使用的环境。所做的所有设置更改都将被记录并保存在该环境中。

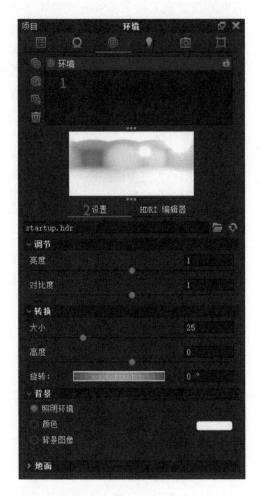

图 3-1

b. 创建新环境。根据当前的设置创建新环境。单击窗格左上角的添加环境图标，或者从环境库中拖放一个或多个环境来填充环境列表。

2. 环境设置

a. 调节和转换：可以直接调整整个 HDRI 环境的亮度、对比度、角度、大小等基础参数。

b. 背景：这里提供了三种背景显示方式，分别是照明环境、颜色、背景图像。

3. HDRI 编辑器（图 3-2）

KeyShot HDRI 编辑器用于调整照明环境或创建自己的照明环境。HDRI 编辑器提供了一个独特的可调光源、图像和渐变系统来照亮场景。

KeyShot HDRI 编辑器完全集成于"项目"窗口中的"环境"选项卡中。颜色、调整和变换的所有针和设置嵌入在 KeyShot 文件中，无须将创建的每个自定义环境保存为单个的 HDZ 文件。这提供了巨大的便利和资源管理优势，同时大大减少了本地存储和 KeyShot.KSP 文件所需的数据量。

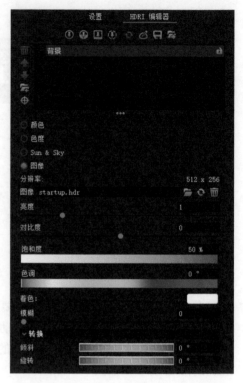

图 3-2

HDRI 编辑器具有灵活的功能，包括：

- 导出 HDR/EXR
- 渐变背景
- 可拖动的交互式 Sun & Sky
- 太阳和天空地面颜色
- 太阳大小参数
- 矩形针圆角
- 渐变针
- 图像针颜色调整
- 从以前版本的 HDZ 文件中提取针
- 弹出 HDRI 编辑器画布

## 3.1.2　HDRI 编辑器

编辑器界面（图 3-3）

1. 添加针

添加针的地方是 HDRI 展开的中心。鼠标将其拖放至所需位置。在控制部分调整针达到预期的效果。

2. 添加倾斜光源

倾斜光源允许调整一个光源颜色和不透明度的变化。

### 3. 添加图像针

图像针允许使用 HDR、HDZ、EXR、JPG、PNG、JPEG 和 BMP 作为图像。这个图像可以创建特定的反射，模拟照明环境。添加图像针时，系统会提示选择要使用的图像。一旦选定，图像将被放置在预览窗口中。

### 4. 添加复制针

选择此选项后，将拍摄 HDRI 图像的快照并用作新针。

选择"添加复制针"后，预览窗口上会出现黄色轮廓的针的手柄。此轮廓显示区域将被复制以用作针的图像。然后，使用调整滑块设置大小和角度等参数。

### 5. 生成全分辨率 HDRI

灯光如果有锯齿，单击"生成全分辨率 HDRI"图标生成高分辨率 HDRI。

### 6. HDRI 编辑画布

打开 HDRI 画布编辑灯光。

### 7. 保存至库

把灯光放进预设灯光库里。

### 8. 导出 HDRI

对当前调整好的 HDRI 进行导出。

### 9. 设置高亮显示

在模型上单击调整灯光，哪里不亮单击哪里。

灯光类型针（圆形）（图 3-4）

### 1. 二分之一

对于任何针，都可以选择要切成两半的形状。除了现在只看到一半的针以外，所有的调整对整体针都能作用。

### 2. 半径

调整灯光的半径大小。

### 3. 颜色

a. 颜色：可调整灯光的颜色。

b. 亮度：可以调整灯光的明暗程度。

c. 混合模式：选择不同的方式让针混合并相互影响。使用此功能时，针顺序变得非常重要。

### 4. 调节

a. 衰减：控制针灯边缘的柔和度。选择更多衰减模式使边缘更柔和地衰减。

图　3-3

b. 衰减模式：控制光中心的衰减，不同的模式有不同的行为，预设有"从边缘""线性""二次""指数""圆形"模式可选择。可以在编辑器以及 KeyShot 实时窗口中看到各种模式的效果。

5. 转换

a. 方位角：对灯光进行左右移动。

b. 仰角：对灯光进行上下移动。

## 灯光类型针（矩形）（图 3-5）

1. 二分之一

参照"灯光类型针（图形）"。

2. 大小

打开"大小"前面小三角可以对灯光的长宽分别进行调整。

3. 颜色

参照"灯光类型针（圆形）"。

4. 调节

a. 角度：旋转灯光的角度。

b. 圆角：对矩形灯光的四个角进行圆角。

c. 衰减：参照"灯光类型针（圆形）"。

d. 衰减模式：参照"灯光类型针（圆形）"。

5. 转换

参照"灯光类型针（圆形）"。

## 灯光背景（颜色）（图 3-6）

1. 分辨率

设置 HDRI 画布分辨率。

2. 颜色

自定义背景颜色。

3. 亮度

可以调整灯光的明暗程度。

## 灯光背景（色度）（图 3-7）

1. 分辨率

参照"灯光背景（颜色）"。

2. 颜色

通过滑块调整背景渐变颜色。

图 3-4

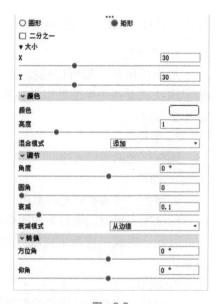

图 3-5

### 3. 光圈亮度
控制右侧亮的区域曝光强度。

### 4. 亮度
参照 "灯光背景（颜色）"。

### 5. 饱和度
指的是色彩纯度。纯度越高，表现越鲜明；纯度越低，表现则越黯淡。

## 灯光背景（Sun & Sky）（图 3-8）

### 1. 分辨率
参照 "灯光背景（颜色）"。

### 2. 位置
选择一个距离现场最近的预设城市，准确地描绘太阳和季节的位置。

### 3. 坐标
选择 "自定义位置" 并输入位置的地理坐标。

### 4. 日期
将日期设置为场景发生的日期，以准确描绘季节的色温。

### 5. 时间
设置场景发生的时间，以正确放置太阳。

### 6. 混浊
为天空添加更多阴霾，将以温暖的色调为天空着色并过滤场景中投射的阳光。

### 7. 太阳尺寸
调整太阳的大小。

### 8. 地面颜色
调整地面的颜色。

### 9. 颜色
调整 HDRI 的亮度、对比度和饱和度。

### 10. 模糊
对画布进行模糊，以达到更真实的环境效果。

### 11. 转换
调整 HDRI 位置，并可以在 HDRI 画布中和实时界面预览效果。

## 灯光背景（图像）（图 3-9）

### 1. 分辨率
参照 "灯光背景（颜色）"。

图　3-6

图　3-7

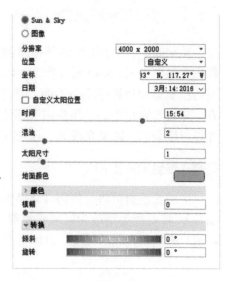

图　3-8

2. 图像

选择预设的 hdr 文件。

3. 亮度

参照"灯光背景（颜色）"。

4. 对比度

调整灯光的明暗对比。

5. 饱和度

参照"灯光背景（色度）"。

6. 色调

调整色彩的色相。

7. 着色

选择一个颜色，对环境给一个色调。

8. 模糊

参照"灯光背景（Sun & Sky）"。

9. 转换

参照"灯光背景（Sun & Sky）"。

灯光高清输出

调整好 HDRI 的背景和所有灯光后，单击灯光菜单栏上面的刷新按钮，即可渲染出高清图像，然后可选择保存到库或导出 HDRI。

图 3-9

## 3.2 照明灯光

### 3.2.1 物理灯光源类型

KeyShot 中除去准确的环境照明之外，还可以在任何需要的地方添加不同的物理光源。物理光源作为 KeyShot 材质类型，可应用于场景中的几何图形，将物件转换为本地光源。这与传统渲染应用程序完全不同，它可以更灵活地在场景中渲染光线。使用物理光源的物件，在"项目"窗口中的"场景树"部件名称旁将标注灯光图标。KeyShot 中有三种类型的物理光源材质类型：区域光漫射、点光漫射和点光 IES 配置文件。

区域光漫射（图 3-10）

区域光漫射可将任何物件转换为光线阵列，直接选中要作为光源的物件（材质球上方的面片），将材质类型改为区域光漫射。在实时窗口中可查看和调整位置，使用电源（瓦特或流明）来控制光线的强度。具体可参见 2.2.2 材质类型中灯光材质部分。

图　3-10

点光漫射（图 3-11）

　　点光漫射可将任何物件转换成位于物件中心的点光源。直接选中要作为光源的物件（材质球上方的面片），将材质类型改为点光漫射。具体可参见 2.2.2 材质类型中灯光材质部分。

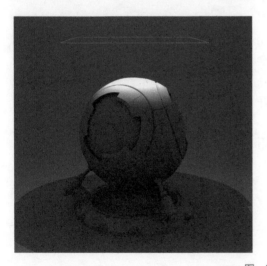
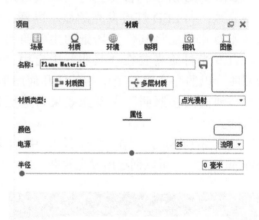

图　3-11

点光 IES 配置文件（图 3-12）

　　点光 IES 配置文件可将任何物件转换成位于物件中心的点光源。使用 IES 灯，需要通过单击材质编辑器中的文件夹图标来加载 IES 配置文件。查看材质可以在实时窗口中预览 IES 轮廓加载的形状以及网格的形式。具体可参见 2.2.2 材质类型中灯光材质部分。

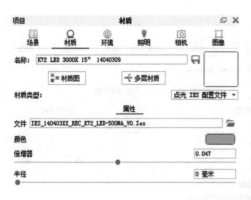

图 3-12

## 3.2.2 自发光类型

如图 3-13 所示，自发光材质类型可用于小型光源，如 LED 灯或发光的显示屏幕，但这并不意味着能将其作为场景的主要照明光源。自发光材质需要在"照明"中启用"全局照明"以照亮实时视图中的其他几何图形。开启"地面间接照明"为发光效果营造更好的氛围。

如图 3-14 所示，在实时设置中启用"Bloom"效果，可以创建出发光效果。

图 3-13

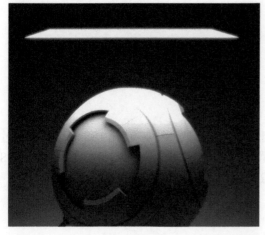

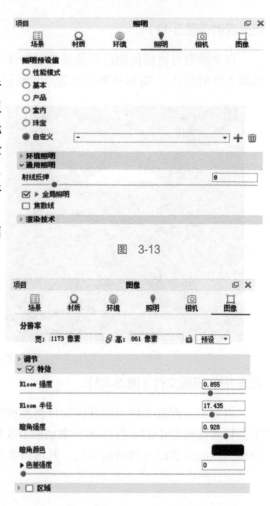

图 3-14

移动灯光物件

如图 3-15 所示，右击指定为灯光的物件并选择"移动模型"，这将激活移动工具。

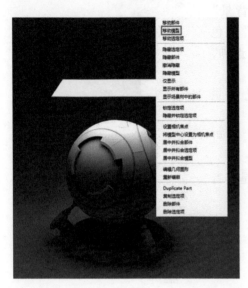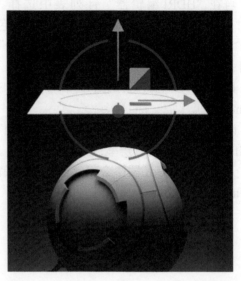

图 3-15

还可以在"项目"窗口的"场景"选项卡中选择光源物件，然后从"位置"选项卡中选择"移动工具"进行激活，如图 3-16 所示。

使用"移动工具"可对物件位置、大小、方向等方面进行改变。

此外，"位置"中的数据输入框可用于物件更精确的定位。

灯光物件动画

由于光源是应用于物件的材质，因此可以像其他任何物件一样进行动画制作。只需在场景树中选择想要制作动画的光源物件，如图 3-17 所示，右击并应用您想要的动画即可。

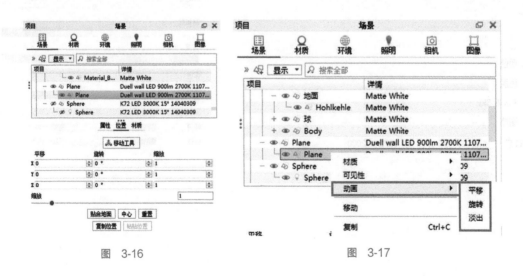

图 3-16          图 3-17

### 3.2.3 物理天空

当在"HDRI 编辑器"针列表中选择"背景"项时，HDRI 编辑器背景的选项有"颜色""色度""Sun&Sky""图像"，选择"Sun&Sky"选项，如图 3-18 所示，即可以使用物理天空照明。

具体可参见 3.1.2HDRI 编辑器中灯光背景（Sun&Sky）。

设置完参数单击"生成全分辨率 HDRI"，即可将 HDRI 设置成所需分辨率，如图 3-19 所示。

天空制作的灯光阴影会很实，图 3-20 就是作者 EsbenOxholm 运用太阳天空灯光做的效果。

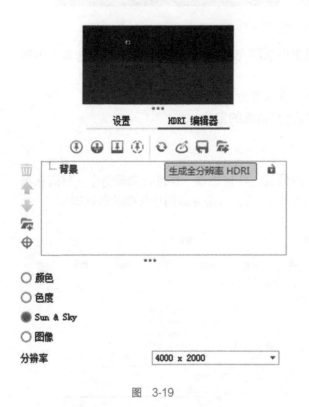

图 3-19

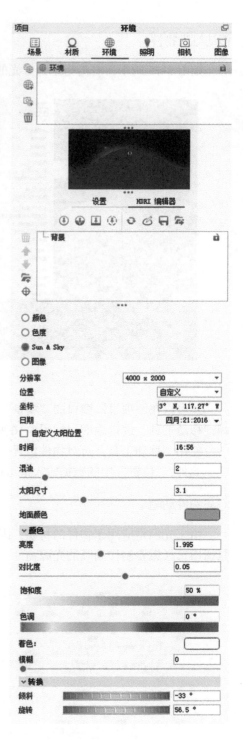

图 3-18

图　3-20

## 3.3　HLS 灯光插件

### 3.3.1　HLS 界面

工具栏

1. 项目（图 3-21）

a. 新建项目：打开一个新的 HDR 画布。

b. 打开项目：打开一个已创建的 HDR 画布。

c. 保存项目：保存已编辑的 HDR 画布。

d. 另存为项目：另存为已编辑的 HDR 画布。

e. 加载 3D 场景文件：在 HDR 画布中加载 3D 模型场景文件。

f. 加载演示模型：可以加载软件自带的演示模型。

g. 保存渲染图像：保存当前画布的 HDRI 图像为 EXR 格式。

h. 渲染最终 HDRI 文件：单击打开最终 HDRI 文件渲染设置窗口。

i. 刷新渲染 HDRI：更新已渲染 HDRI 文件。

j. 管理文件链接：单击打开项目管理窗口，用于管理 3D 模型和背景板的路径等。

k. 退出：退出 HLS。

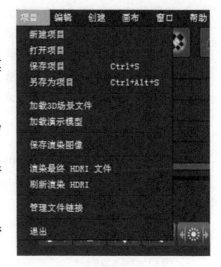

图　3-21

2. 编辑（图 3-22）

a. 返回：返回上一步动作。

b. 撤销：撤销一步动作。

c. 复制：复制一盏灯光。

d. 删除：删除一盏灯光。

e. 删除所有：删除所有灯光。

f. 删除关闭灯光：删除灯光列表关闭的灯光。

g. 开 / 关：灯光的开关，可直接打开或关闭所有灯光。

h. 仅有：仅显示灯光。

i. 排序：更改灯光排序方式。

j. 锁定：锁定或解锁灯光。

k. 取消选择：取消当前的灯光选择。

l. 重命名：重命名灯光。

m. 转换为实用灯光：将当前灯光转换为实用灯光。

n. 首选项：打开首选项设置窗口。

图 3-22

3. 创建（图 3-23）

a. 圆形灯光：创建一个圆形灯光。

b. 矩形灯光：创建一个矩形灯光。

c. 六边灯光：创建一个六边形灯光。

d. 渐变灯光：创建一个渐变灯光。

e. 图像灯光：创建一个图像灯光。

f. 黑色反光板：创建一个黑色反光板。

g. 遮罩灯光：创建一个遮罩灯光。

h. 渐变背景：创建一个渐变背景。

i. 图像背景：创建一个图像背景。

j. 天空背景：创建一个天空背景。

k. 实用灯光：创建一个实用灯光。

图 3-23

4. 画布（图 3-24）

a. 经纬度网格：打开画布窗口的经纬度网格辅助参考。

b. 选中灯光：选中此开关后单击灯光列表的灯光时会在画布中显示灯光的位置。

图 3-24

5. 窗口（图 3-25）

a. 置顶：打开此项将使 HLS 软件保持在最前显示。

134

b. 项目工具栏：打开或关闭项目工具栏。

c. 编辑工具栏：打开或关闭编辑工具栏。

d. 创建工具栏：打开或关闭创建工具栏。

e. 帮助工具栏：打开或关闭帮助工具栏。

f. 预设：打开或关闭预设窗口。

g. 渲染视窗：打开或关闭渲染视窗。

h. 渲染视图设置：打开或关闭渲染视图设置。

i. 灯光列表：打开或关闭灯光列表窗口。

j. 灯光属性：打开或关闭灯光属性窗口。

k. 画布：打开或关闭画布窗口。

l. 灯光控制：打开或关闭灯光控制窗口。

m. 灯光预览：打开或关闭灯光预览窗口。

n. 布局：选择或保存预设窗口布局。

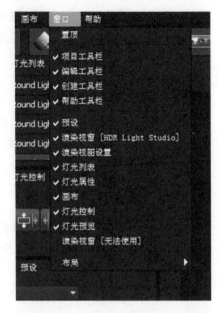

图 3-25

6. 帮助（图 3-26）

a. 用户手册：打开官网用户使用手册。

b. 在线帮助：单击在线咨询软件问题。

c. 输入激活码：单击打开激活窗口。

d. 连接到浮动许可证服务器：登录到浮动许可证服务器。

e. 许可证管理：打开许可证管理窗口。

f. 打开许可证目录：加载许可证目录。

g. 关于：显示软件版本等信息。

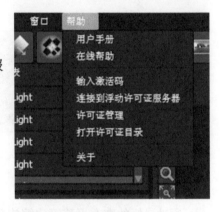

图 3-26

工具栏（图 3-27）

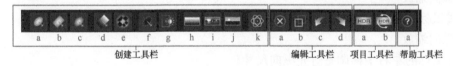

图 3-27

1. 创建工具栏

a. 创建圆形灯光：创建一个圆形基础灯光。

b. 创建矩形灯光：创建一个矩形基础灯光。

c. 创建六边灯光：创建一个六边形基础灯光。

d. 创建渐变灯光：创建一个渐变灯光。

e. 创建图像灯光：创建一个图像灯光，需要加载图像文件。

f. 创建黑色反光板：创建一个黑色反光板，常用于增强图像对比度。

g. 创建遮罩灯光：创建一个遮罩灯光。

h. 创建渐变背景：创建一个渐变背景。

i. 创建图像背景：创建一个图像背景。

j. 创建天空背景：创建一个天空背景。

k. 创建实用灯光：创建一个实用灯光。

2. 编辑工具栏

a. 删除当前灯光节点：删除当前选中的灯光。

b. 复制当前灯光节点：复制当前选中的灯光。

c. 撤销：撤销上一步动作。

d. 重做：重做上一步动作。

3. 项目工具栏

a. 最终渲染 HDRI 文件：打开最终渲染参数设置窗口。

b. 刷新 HDRI：刷新 HDRI 文件。

4. 帮助工具栏

在线帮助：打开在线帮助网页。

灯光控制窗口（图 3-28）

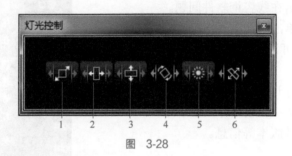

图 3-28

1. 等比缩放灯光大小

通过鼠标的左右平移等比缩放灯光大小。

2. 横向缩放

通过鼠标的左右平移调整灯光横向尺寸。

3. 纵向缩放

通过鼠标的左右平移调整灯光纵向尺寸。

4. 旋转灯光

通过鼠标的左右平移旋转灯光角度。

5. 灯光亮度调整

通过鼠标的左右平移调整灯光强度。

6. 智能移动区域灯

智能移动区域灯光。

灯光列表窗口（图 3-29）

　1. 开关
灯光的开关。
　2. 仅显示
仅显示灯光。
　3. 设置灯光不可选
在渲染窗口选择灯光时将不会选择到该灯光。
　4. 锁定灯光
灯光将不可编辑。
　5. 灯光名称
灯光命名。

图　3-29

灯光预览窗口（图 3-30）

　1. 滤镜选择
可以选择滤镜种类。
　2. 色彩模式
设置色彩模式。
　3. 曝光调整
通过平移鼠标调整图像曝光程度。

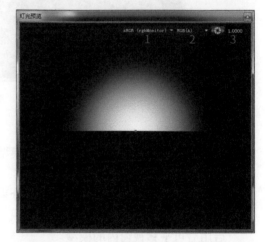

图　3-30

灯光预设窗口（图 3-31）

　1. 灯光种类
按灯光种类选择灯光。
　2. 灯光预览
预览灯光参数。

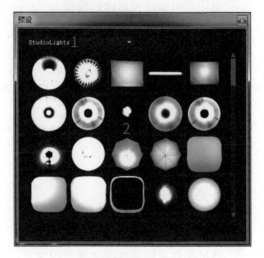

图　3-31

渲染视窗（图 3-32）

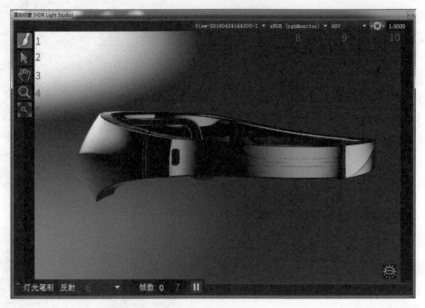

图　3-32

1. 灯光笔刷
启用后可通过在模型上单击来照明模型。
2. 灯光选择
启用后可通过在模型上单击照明部分来选择灯光。
3. 抓手工具
启用后可平移视窗内的模型。
4. 缩放工具
启用后可缩放视窗内的模型。
5. 重置缩放大小
单击后将复位相机视角。
6. 灯光笔刷
可选择灯光笔刷的照明方式（反射、照明、背景）。
7. 帧数
刷新的帧数。
8. 滤镜选择
可以选择滤镜种类。
9. 色彩模式
设置色彩模式。
10. 曝光调整
通过平移鼠标调整图像曝光程度。

画布（图3-33）

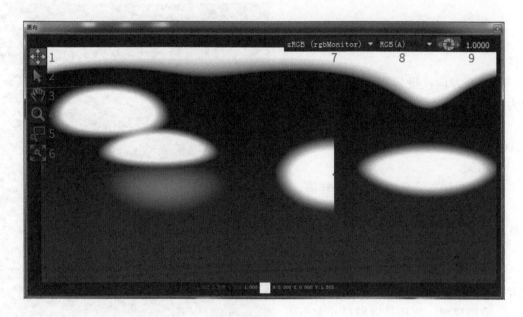

图　3-33

1. 移动

启用后可移动灯光位置。

2. 灯光选择

启用后可通过在画布上单击照明部分来选择灯光。

3. 抓手工具

启用后可平移画布。

4. 缩放工具

启用后可缩放画布。

5. 框选缩放

放大到框选范围。

6. 重置缩放大小

复位画布大小。

7. 滤镜选择

可以选择滤镜种类。

8. 色彩模式

设置色彩模式。

9. 曝光调整

通过平移鼠标调整图像曝光程度。

渲染视图设置（图 3-34）

　　1. 场景

　　a. 3D 场景文件：3D 场景文件的加载路径。

　　b. 向上方向：设置以 X、Y、Z 轴朝上为默认方向。

　　c. 场景 FPS：设置场景的 FPS（默认"24.0"）

　　2. 渲染

　　a. 最大采样：设置场景最大采样值。

　　b. 光线深度：光线在场景中的反射次数。

　　3. 显示

　　a. 图像宽度、图像高度：设置图像的宽度和高度信息。

　　b. 渲染视窗：选择是以原尺寸大小还是适配窗口大小显示。

　　c. 徽标：显示或隐藏右下角的 HLS 图标。

　　4. 外观

　　a. 漫反射颜色：设置模型的表面颜色。

　　b. 反射：设置反射值，值越高反射越强。

　　c. 显示地面：显示或隐藏地面。

　　d. 地面阴影：设置地面阴影，值越高，阴影越明显。

　　e. 背景：设置渲染视窗内背景环境是 HDRI、环境颜色或图片。

　　f. 强度：选择自定义、IOR 两种模式调整强度。

灯光属性窗口（图 3-35）

　　1. 主要设置

　　a. 名称：设置灯光名称。

　　b. 亮度：设置灯光亮度。

　　c. 透明度：设置灯光的透明程度。

　　d. 混合模式：更改灯光的叠加模式。

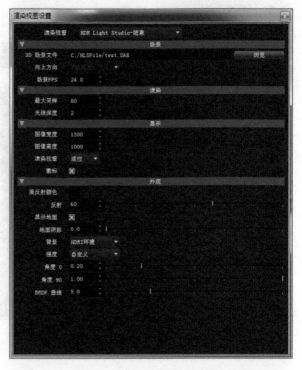

图　3-34

图　3-35

e. 反转：将灯光图像反相。

f. 区域灯光：将普通灯光激活为区域灯光。

2. 变换（核心）

a. 经度、纬度：通过经度、纬度确定灯光的位置。

b. 宽度、高度：灯光的尺寸控制。

c. 角度（Notation）：灯光的旋转角度。

3. 变换（扩展）

a. 操作杆 U、操作杆 V：通过操作杆 U、操作杆 V 向来移动灯光。

b. 高级旋转：通过 X、Y、Z 三个轴来旋转灯光。

4. 内容

a. 灯泡宽度：调整灯泡照射宽度。

b. 灯泡位置：调整灯泡照射角度。

c. 去半：显示 1/2 灯光。

d. 外延：扩展照明。

e. 色彩模式：调整灯光照明模式是平坦，还是渐变。平坦通过单色控制灯光颜色；渐变由渐变贴图控制灯光颜色。

f. 透明渐变：控制灯光的衰减方式。

## 3.3.2　模型导入

模型检查

1. 模型检查

在渲染之前通常会先检查模型，一般每一种材质的部件都尽量做成一个实体，在做透明材质的时候还要注意某些重叠面需要有一个微小的距离。

2. 模型分层

模型检查完后需要给模型的不同材质的部件进行分层，将相同材质的部件群组之后可以在渲染模式下给它们赋予不同的颜色来进行区分，如图 3-36 所示。

3. 模型对接 KeyShot/HDR Light Studio （图 3-37）

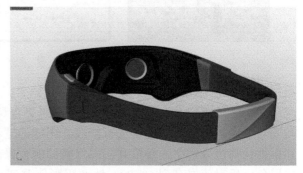

图　3-36

渲染层分好之后，需要选择一个想要渲染的模型角度，调整到这个角度之后单击犀牛上方的 KeyShot/HDR Light Studio 对接接口图标，此时犀牛的模型文件会自动保存一个已命名视图，然后导出一个名为 text 的 DAE 模型文件。这个文件的默认目录是 C：\HLSFile，这个文件就是导入 HDR light studio 的文件。

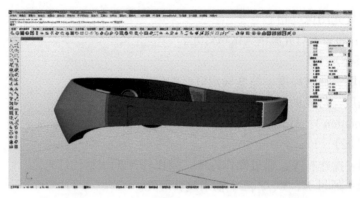

图 3-37

模型导入

1. 模型文件导入 HDR Light Studio（图 3-38）

在 HDR light studio 中选择加载 3D 场景文件，找到默认路径 c：\HLSFile 中的文件，打开文件将模型文件导入 HDR light studio。

图 3-38

2. 修改渲染视窗设置（图 3-39）

为了使在 HDR light studio 中的打光效果更直观，需要对渲染视窗的一些设置进行修改。图像的宽和高根据计算机分辨率进行提高，漫反射的颜色修改成黑色，反射值提高到 60~90，地面阴影值改到 0。这样设置的原因，一是黑色抛光材质用于观察灯光最合适，二是为了减少软件的内存损耗，将不是很需要的地面阴影等取消以达到降低内存损耗的目的。调整过后得到图 3-40 所示的效果。

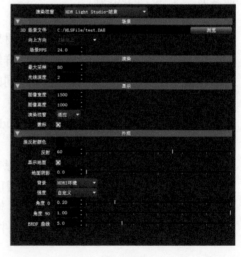

图 3-39

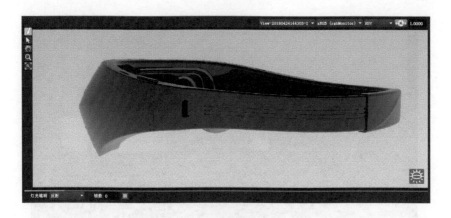

图 3-40

### 3.3.3 模型打光

模型的照明方式需要根据不同的模型造型来确定，其目的是将模型的细节和体量通过光照的方式表达得有层次感，有视觉冲击力。所以同一个场景里可以通过光的冷暖、光的明暗、光的大小等来体现模型上的层次效果。

1. 主光源的确定（图 3-41）

渲染打光的第一步是确定主光源的位置，主光源需要将模型的体量大致表达出来且亮度较大。首先添加一盏圆形灯光，通过灯光控制和灯光笔刷快速地调整主光源的亮度及位置。

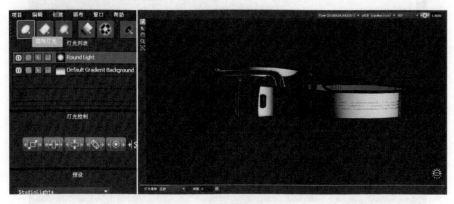

图 3-41

2. 辅助光源的添加（图 3-42）

辅助光源的作用是帮助主光源照亮一些主光源没有照亮的地方，辅助光源的强度较主光源来说要偏小一些，在模型中，一些造型转折的地方就需要辅助灯光进行修饰。以 VR 眼镜为例，眼镜前端的渐消面就是一个造型转折的地方，所以需要在前端打两个辅助光源来将这个转折照亮。同样，尾部卡扣的位置也有一个波浪形的特征造型，也需要一个灯光来照亮。

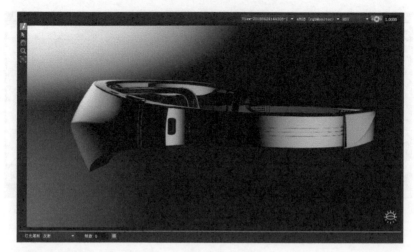

图 3-42

3. 修饰光源的添加（图 3-43）

辅助光源的作用是将模型的转折部分进行照明，那么修饰光源的作用就是将模型中的一些倒角位置进行精确修饰，修饰灯光的特点就是面积小、强度高，在模型的一些倒角面上进行照明。同样，可通过灯光控制和灯光笔刷对灯光的位置、大小和亮度进行调整，修饰灯光创建完成之后灯光照明就完成了大部分，但是对于某些地方的灯光还可以进行一些微调，最后得到自己满意的效果。

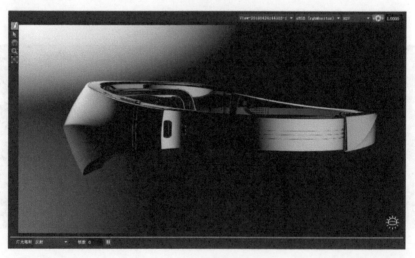

图 3-43

### 3.3.4　输出灯光导入 KeyShot

1. 输出 HDR light studio 灯光文件（图 3-44）

灯光调整好之后需要将灯光导出到 KeyShot 里。单击上方工具栏的"渲染最终 HDRI 文件"按钮，打开渲染参数的设置。导出时需要注意的是，对接接口一定要选择 KeyShot 接口，文件格式选择 EXR 或者 HDR 都可以，分辨率根据自己需求来设置，通常情况下 3K 的大小已经够清晰了，在下方的路径设置的时候一定注意不能有中文路径。

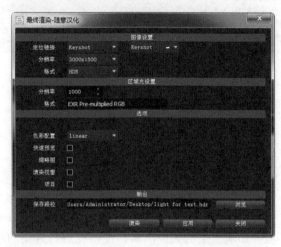

图　3-44

2. 导入 KeyShot（图 3-45）

将灯光文件导出后打开 KeyShot，并将犀牛文件导入到 KeyShot，然后将相机视角切换到犀牛保存的已命名视角，然后切换到项目的环境中，单击打开环境文件，并将导出的 HDR 文件加载进入 KeyShot。在导入 KeyShot 之后需要注意的是，灯光需要旋转 180° 才能和 HDR light studio 中的效果一致。为了效果更好，还可以在 KeyShot 里进行调整。

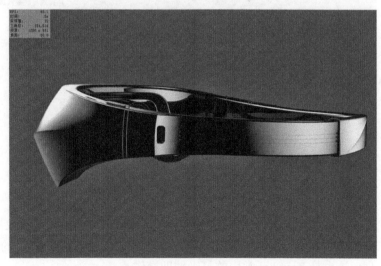

图　3-45

## 4.1 化妆瓶案例

1. 新建一个独立的场景（图 4-1）。KeyShot 有各种独立的场景应用，包括场景、材质、环境等影响渲染的关键因素，使得在进行方案演示的时候更加方便。可以在一个场景文件里进行场景、材质、环境的排列组合，以形成无数个方案的展示效果。

在这里新建一个场景是为了进行灯光的编辑。单独新建一个灯光的编辑场景可以在保持初始模型场景属性不变的情况下对场景灯光环境进行编辑。

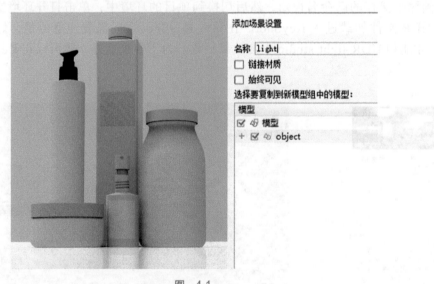

图 4-1

2. 将新建场景里的模型都换成高反射的材质类型（图 4-2）。把场景里的模型都换成高反射的材质类型有助于观察灯光环境的编辑，方便判断灯光的强度、大小、颜色等是否合理。这也是 KeyShot 常用的打光辅助操作。

3. 灯光环境是渲染的灵魂所在，所以一个产品渲染效果的好坏从灯光环境的编辑就能看出来。首先观察模型特点，该模型是一个柱状为主的立方体或者圆柱体，像这种特点的产品通常会用到三个灯光去照亮场景。

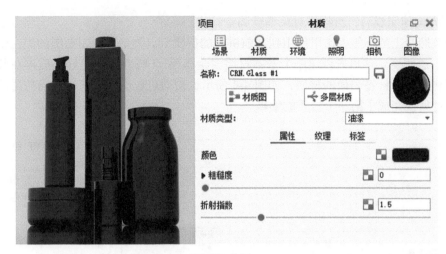

图 4-2

第一盏灯是主光源，在此选择靠近视角的一侧作为主光源照射的面（亮部），这盏灯的作用就是将整个场景的大致氛围确定下来，灯光的亮度是三盏灯中最亮的。也可以给这盏灯的光一个颜色，冷暖可以由自己喜好来确定。

第二盏灯是辅助光源，它的存在是为了衬托主光源，整个照明环境中可以通过明暗对比、冷暖对比等来达到突出产品的效果，所以辅助光源可以将色温调整到与主光源相对的色温，亮度也可以相对降低，这样产品模型的体量感就出来了。

第三盏灯是第二盏辅助光源，它的作用是将模型的边界进行一个对比照亮，所以这里选择一个背光，因为这盏灯的光出现在产品背后，而且面积又较大，所以这盏灯的光的颜色将会决定整个场景的色调和氛围。灯光布局好了之后微调一下灯光的强度和颜色，让整个效果更好一些，如图 4-3 所示。

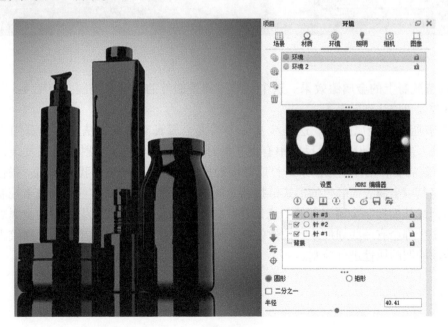

图 4-3

4. 灯光构建完成后，给物体对象编辑调整材质。

5. 调节瓶身上的标签。这里使用到之前讲过的材质节点类型，利用贴图的黑白信息来控制材质的不透明度。这里先创建一个基本材质"金属漆"，将参数调整好之后再在其外面覆盖一层塑料来作为标签表面的材质，如图 4-4 所示，借助色彩反转来获得正确的透明信息贴图，链接过后便完成了第一个材质的编辑。

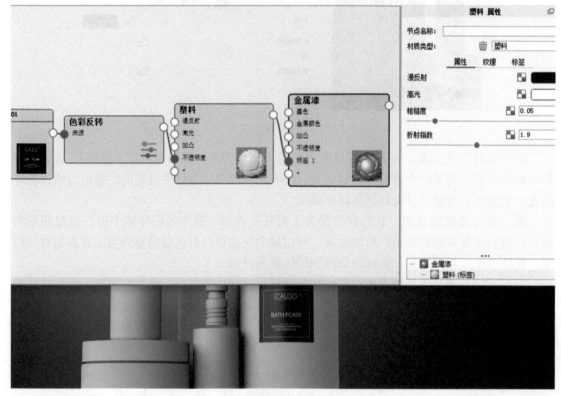

图 4-4

6. 调节瓶身上的金属漆效果。这个材质不需要额外的贴图来控制。如图 4-5 所示，设置基础参数就可以达到效果了。

7. 调节瓶盖的金属效果。这里涉及一个增强金属真实感的方法。我们都知道，现实中金属的高反射属性使得金属反射中有更多的环境因素，也就是反射信息很复杂，那么在 KeyShot 中就需要利用环境贴图来对材质表面的反射信息加以调节。我们找到一张合适的环境贴图，将其以金属表面颜色的形式链接到金属的表面反射，再通过色彩调整来控制环境贴图的色彩信息从而控制金属表面的颜色信息，如图 4-6 所示。通常，生活中的金属表面不是很光滑，多少都会有一些划痕或者拉丝效果，所以这里需要利用一张拉丝的程序纹理贴图来对金属表面的凹凸属性进行控制。

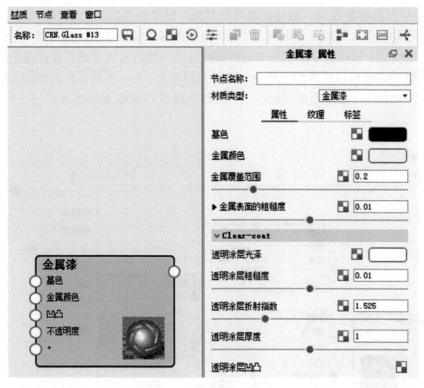

图 4-5

● 材质图

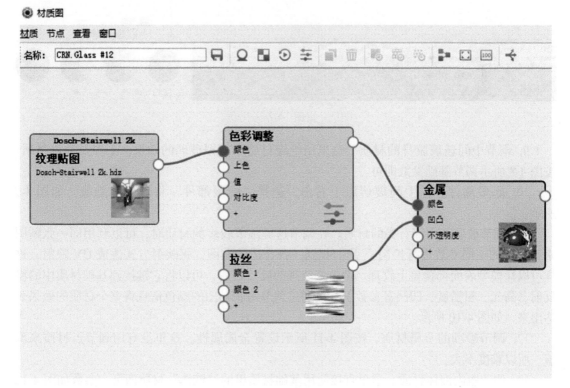

图 4-6

8. 调整中间的标签贴图。通过观察可以看到，这个标签的特点是有两层污点效果，所以可以将标签的模型 1 复制一个出来，并且将复制的这个模型 2 向外部移动一个微小的距离（0.1mm）。将模型 1 和模型 2 都赋予玻璃的基础材质，然后将污点的程序纹理调整到需要的效果，将其链接到玻璃材质的颜色部分，如图 4-7 所示。下一步就是将表面标签贴图以材质节点的方式添加到两个玻璃材质的标签中，将整个标签 LOGO 显示出来。

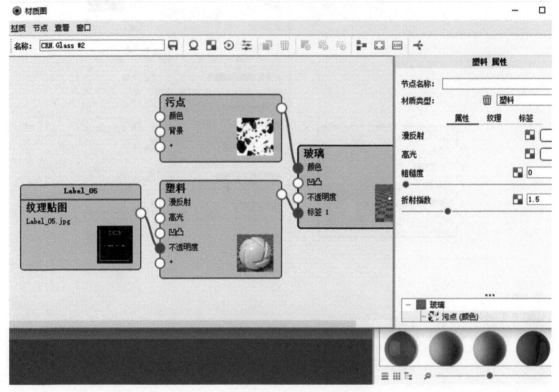

图 4-7

9. 调节中间玻璃瓶身的材质。这里用绝缘材质来模拟玻璃的效果，不涉及节点材质。按图 4-8 所示调节基础参数即可。

10. 隐藏部件。在中间玻璃瓶上右击，选择"隐藏部件"将该部件隐藏，如图 4-9 所示。

11. 调节玻璃瓶内部石头的材质。在调节这类细节较多的材质时，可以利用同一张贴图来对材质的不同参数进行控制。我们找到一张合适的贴图，将映射方式改成 UV 映射，这样可以让模型表面都覆盖上纹理。调整好纹理的尺寸之后，可以将它链接到基础材质中的漫反射、高光、粗糙度、凹凸等参数上，再通过调节每张贴图的颜色信息将整个材质的效果表达出来，如图 4-10 所示。

12. 调节喷嘴的金属材质，按图 4-11 所示设置金属属性。这里没有用到节点材质来调节，所以难度不大。

13. 调节瓶内液体材质。这里直接使用基础材质里的"液体"材质即可，参数如图 4-12 所示。

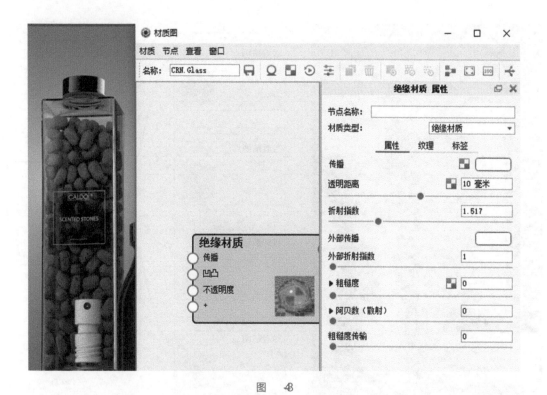

材质图
材质 节点 查看 窗口
名称: CRN.Glass
绝缘材质 属性
节点名称:
材质类型:
绝缘材质
属性 纹理 标签
传播
透明距离
10 毫米
折射指数
1.517
外部传播
外部折射指数
1
粗糙度
0
阿贝数（散射）
0
粗糙度传输
0
绝缘材质
传播
凹凸
不透明度
+

图 4-8

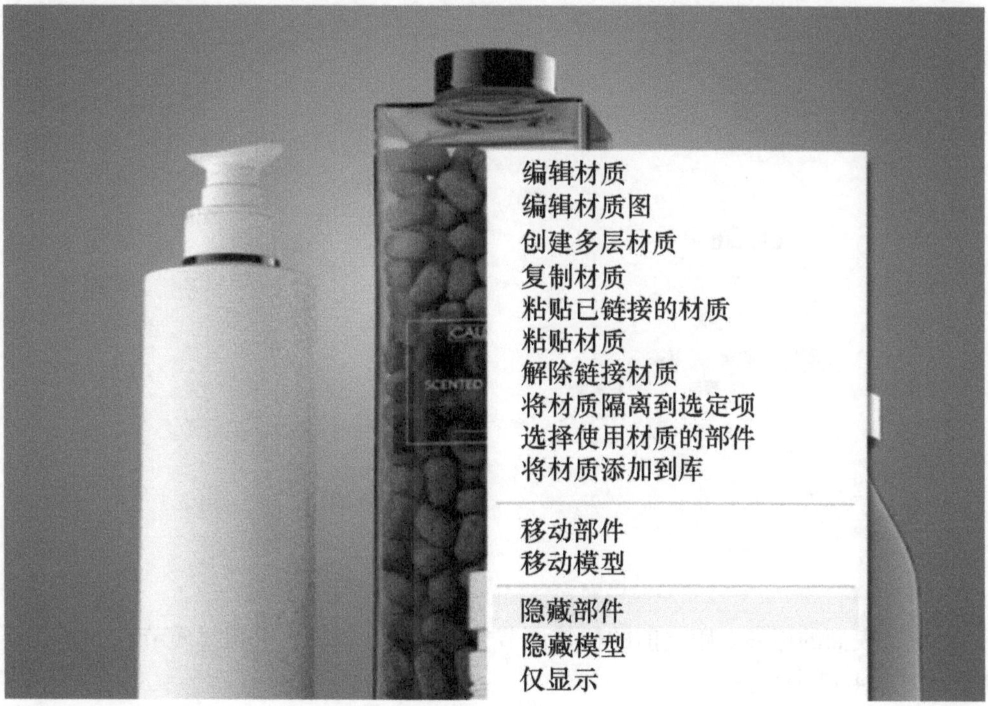

编辑材质
编辑材质图
创建多层材质
复制材质
粘贴已链接的材质
粘贴材质
解除链接材质
将材质隔离到选定项
选择使用材质的部件
将材质添加到库
移动部件
移动模型
隐藏部件
隐藏模型
仅显示

图 4-9

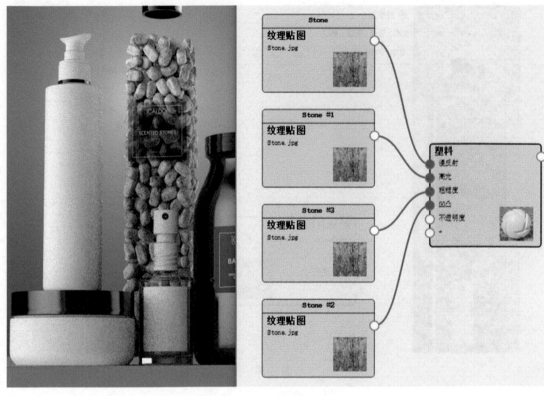

图 4-10

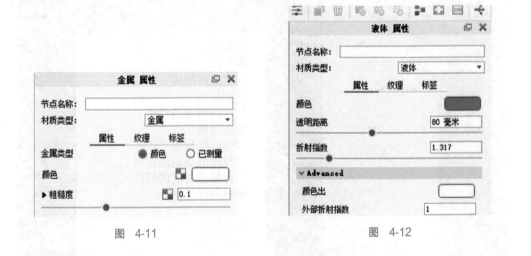

图 4-11                图 4-12

14. 调节表面的标签。跟之前的标签调节方式一样，这里也采用材质节点方式进行标签的调节，如图 4-13 所示。

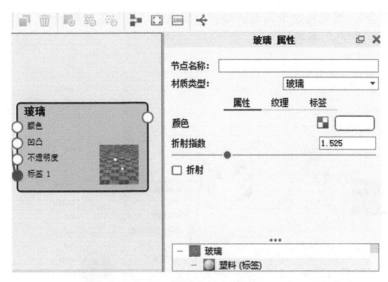

图　4-13

15. 调节左侧两个瓶子的表面标签。按照上一步的方法，调节左侧两个瓶子的标签，结果如图 4-14 所示。

图　4-14

16. 调节左侧瓶盖。这里的这个材质类似于生活中常见的工业塑料，它的表面会有很多小凸起或者小凹陷，我们利用污点这个程序纹理来模拟表面的凹凸效果。如图 4-15 所示，先将程序纹理"污点"的缩放比例调节到合适的大小，再借用颜色渐变来控制污点的背景色

（类似于色彩复合），然后将这个污点链接到金属漆的"透明图层粗糙度"，再复制一个污点链接到金属漆的"凹凸"参数。

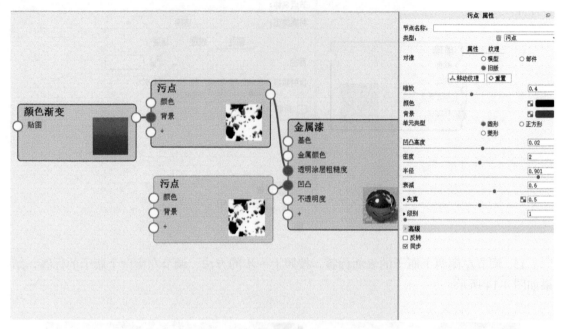

图 4-15

17. 如图 4-16 所示，将地面材质调节成深色玻璃材质，作为反光地面。

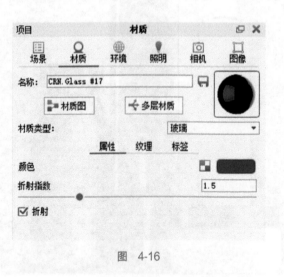

图 4-16

18. 材质调节完成后需要设置一下照明参数，设置参数如图 4-17 所示。在渲染有透明或者半透明材质的时候，需要将照明参数里的射线反弹参数提高，如果参数数值过低将会出现透明材质内部很暗的情况。因为透明材质内部的模型相对复杂，所以参数值需要给得高一些。

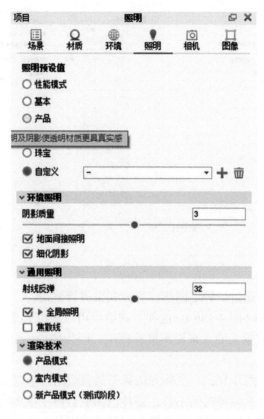

图　4-17

19. 渲染前的渲染设置。首先需要设置输出图片的相关参数，包括文件名称、

文件位置、文件格式、分辨率大小、渲染层等，如图 4-18a 所示。这里着重强调渲染层的作用，不同的渲染层在后期处理图片的时候有着极其重要的作用。利用渲染层，可以很准确地对图片上某一个部件或者区域进行单独的调整，这在后期可以很有效地提高工作效率。

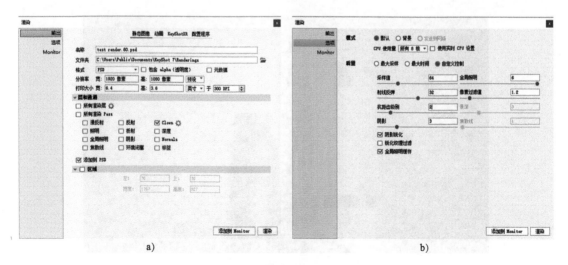

图　4-18

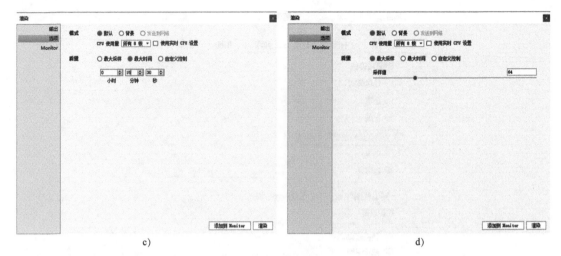

c)                                                d)

图 4-18（续）

在渲染选项中，可以通过三种不同的计算方式来进行渲染。

第一种：自定义控制（图 4-18b）。这种方式渲染可以最准确地控制渲染的各个参数值，但对于不熟悉内部各参数意义的人来说不推荐使用。因为如果一个参数值给得不恰当，就可能让渲染时间加倍。

第二种：最大时间（图 4-18c）。这种方法算是最直观的一个渲染参数设置了，可以准确地控制渲染时间；但是如果渲染时间不够，图片内部就会产生很多噪点，影响图片质量，所以也需要以计算机的计算速度以及渲染的复杂程度来确定是否使用此设置。

第三种：最大采样（图 4-18d）。这种方法是一个以采样值来定义的渲染参数，当渲染进程中，场景内每一个部件的采样值达到设置的数值时，将完成渲染。

选择好合适的渲染参数之后就可以单击"渲染"按钮出图了。

20. 使用 KeyShot 最终渲染出图效果如图 4-19 所示，在 Photoshop 滤镜后期校正色彩和细节之后效果如图 4-20 所示。

图  4-19

图　4-20

## 4.2　剃须刀案例

1. 为了更方便地在 KeyShot 里进行材质编辑，在犀牛里就要对材质对象进行分层，选择相同材质的部件进行群组分配，如图 4-21 所示。

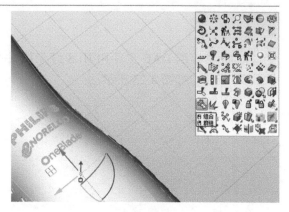

图　4-21

2. 对群组进行部件属性编辑，将不同材质的部件赋予不同的颜色，如图 4-22 所示。

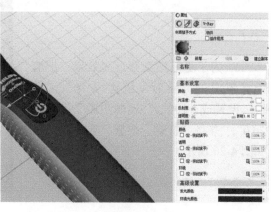

图　4-22

图 4-23

3. 选择一个合适的自己想要的渲染视角，并将其保存到已命名视角，如图 4-23 所示。这一步是犀牛、KeyShot、HDR Light studio 三个软件匹配的关键。

4. 单击工具栏中的"对接 KeyShot7+HLS"图标，如图 4-24 所示。如果运行不成功，可以直接将文件导出为 DAE 格式并保存到非中文路径。

图 4-24

5. 将保存的 DAE 文件用 HLS 灯光插件打开，显示 3D 场景，如图 4-25 所示。

图 4-25

6. 为了更好地观察灯光效果，把渲染设置里的"漫射"设置成"0"，"反射"设置成"100"，"地面阴影"设置成"0.0"，并将"背景"改成"实体颜色"，如图 4-26 所示。

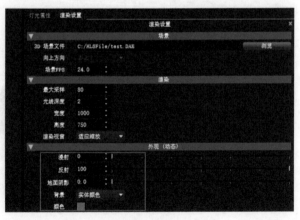

图 4-26

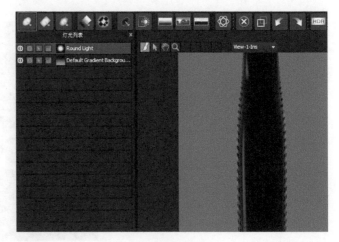

图　4-27

7. 单击左上角的圆形灯光，添加一个圆形灯光如图 4-27 所示。

8. 通过"灯光属性"选项卡调整灯光大小、亮度、位置。这个灯光作为场景的主要光源，所以灯光面积和亮度都会稍高，如图 4-28 所示。

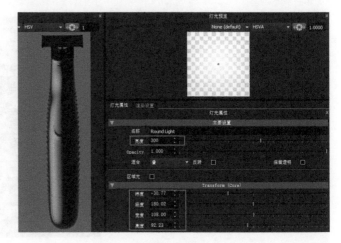

图　4-28

9. 大小和亮度等都调整好之后，再调节一下灯光的衰减形式，让灯光更加有层次感，如图 4-29 所示。

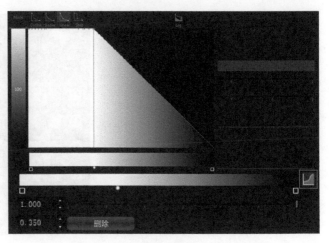

图　4-29

图 4-30

10. 如图 4-30 所示，再添加一个圆形灯光。

11. 调整新添加灯光的位置、大小、亮度。这个灯光作为整个场景的辅助光源，用来将产品的边缘轮廓照亮，如图 4-31 所示。

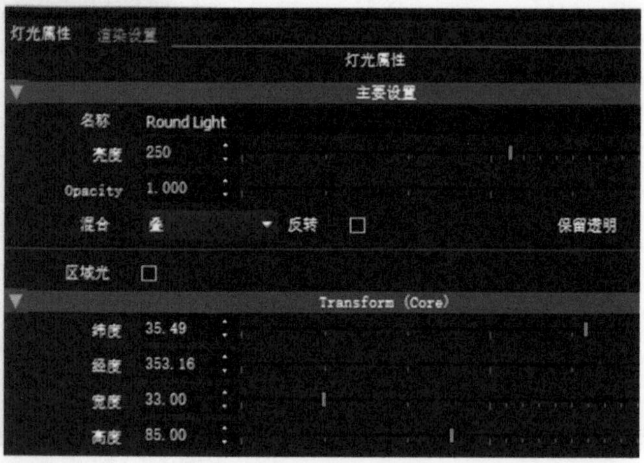

图 4-31

12. 如图 4-32 所示，继续添加第三个圆形灯光。

图 4-32

13. 如图 4-33 所示，单击红色框内的 "HDR" 按钮，弹出渲染设置对话框，"定位" 设置为 "KeyShot"，"分辨率" 设置为 "3000x1500"，并设置 "保存路径" 到硬盘目录（注意：路径和名称不能有中文字符），单击 "渲染" 按钮输出灯光 hdr 文件。

图 4-33

14. 从犀牛软件对接到 KeyShot，犀牛的材质分层也在 KeyShot 中正常显示材质颜色，如图 4-34 所示。

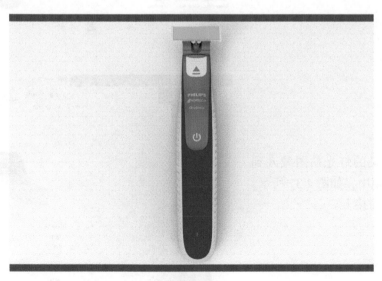

图 4-34

15. 如图 4-35 所示，单击红色框的"添加场景设置"按钮，设置名称为"light"后单击"确定"按钮。

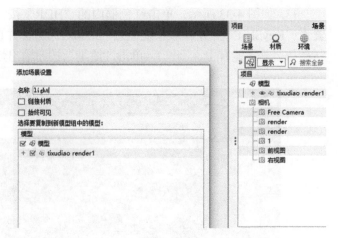

图 4-35

16. 切换到灯光的场景之后，从左侧材质库中挑选一个高反射的黑色塑料材质对整个层进行材质赋予，如图 4-36 所示，这样的材质特点更容易观察灯光。

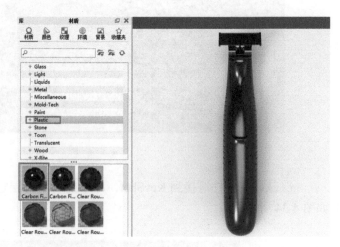

图 4-36

17. 将渲染的灯光贴图载入到 KeyShot 的环境中，如图 4-37 所示，发现灯光刚好对接上。

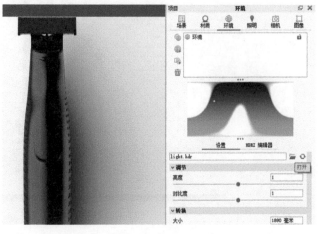

图 4-37

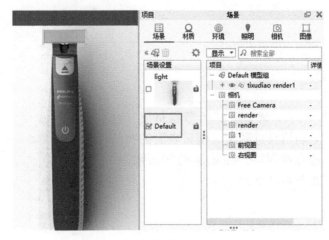

图　4-38

18. 检查完毕之后将场景还原到材质分层的场景，准备进行材质的赋予调节，如图 4-38 所示。

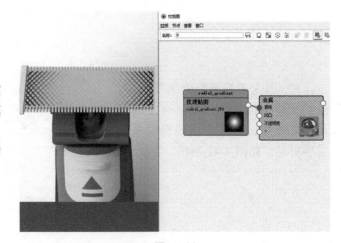

图　4-39

19. 从上到下对模型进行材质编辑，刀头部分用金属材质进行模拟。为了更加突出金属的层次感，这里添加了一张贴图来控制金属的颜色，如图 4-39 所示。

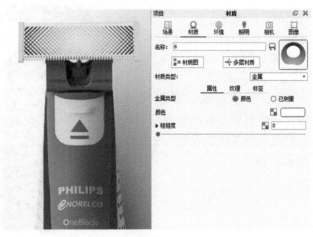

图　4-40

20. 如图 4-40 所示，刀头的另一部分直接利用金属材质进行模拟。

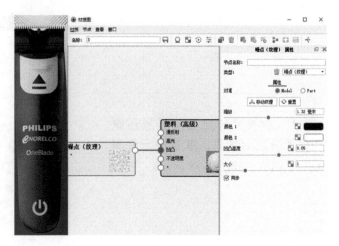

图 4-41

21. 调整下部的塑料材质。这里利用噪点贴图对塑料表面的凹凸进行控制以产生细腻的凹凸效果，如图 4-41 所示。

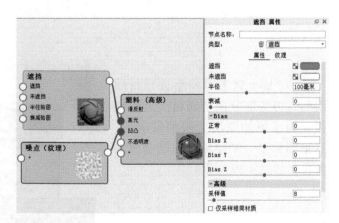

图 4-42

22. 因为刀头下部的细节较多，这里利用遮挡贴图来增加一下细节部分的阴影，让整个模型看起来体量感更足，如图 4-42 所示。

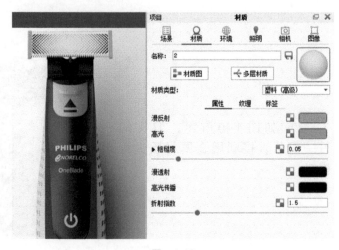

图 4-43

23. 调整边缘的黄色塑料材质，首先利用基础的高级塑料材质对材质进行基础的设置，如图 4-43 所示。

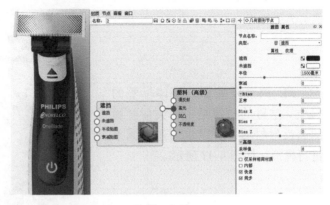

图　4-44

24. 我们发现手握的位置有很多的肌理效果，为了凸显这些细节的效果，也通过遮挡来对这些细节阴影进行增强，如图 4-44 所示。

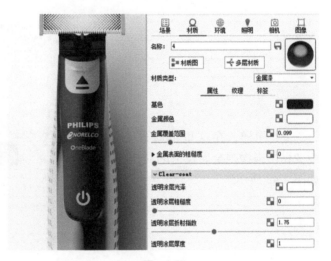

图　4-45

25. 接下来调节下部的黑色反光材质，这里利用金属漆对材质进行模拟。因为金属感不是很强烈，所以金属覆盖范围参数就要稍微小一些，如图 4-45 所示。

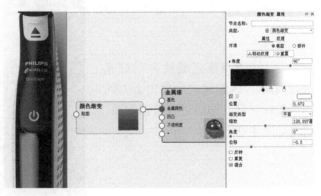

图　4-46

26. 对于这样的圆柱形曲面，通常可以通过添加一个横向的渐变贴图来增强曲面的转折关系，如图 4-46 所示。

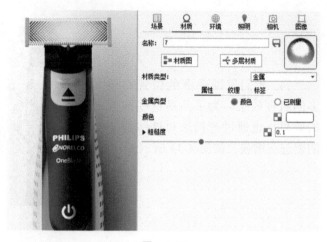

图 4-47

27. 调节开关部分字体标签的材质。这里的材质是一个类似金属的高反射材质，所以也通过金属来进行模拟，如图 4-47 所示。

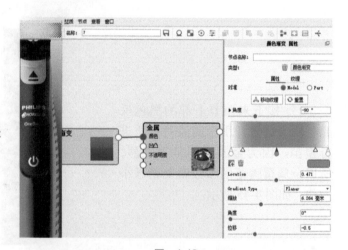

图 4-48

28. 同样，在这里也通过一张渐变贴图来增强金属反射的对比度，如图 4-48 所示。

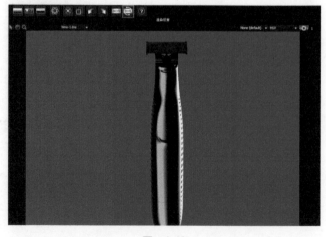

图 4-49

29. 材质调整完成后再对灯光进行微调。调整完之后单击上方的刷新按钮对灯光贴图进行重新渲染，结果如图 4-49 所示。

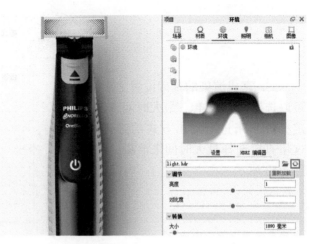

图　4-50

30. 同样，在 KeyShot 里也要对环境贴图进行更新，如图 4-50 所示。

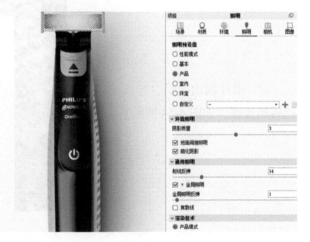

图　4-51

31. 调整完毕后就可以设置一下照明参数了。像这样没有透明材质的产品，渲染的时候直接用产品级的预设渲染就可以了，如图 4-51 所示。

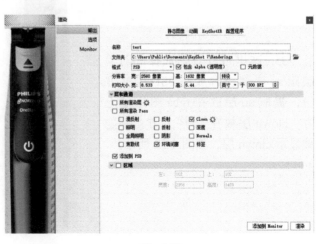

图　4-52

32. 渲染部分都调整完成之后，就可以进行渲染了。首先需要设置渲染图片的名称、保存路径、图片大小、图片格式、通道等，如图 4-52 所示。

33. 完成渲染的基础设置之后，可以选择最大采样、最大时间或自定义控制来进行输出方式的选择。这里直接选择最大时间来渲染，如图 4-53 所示。

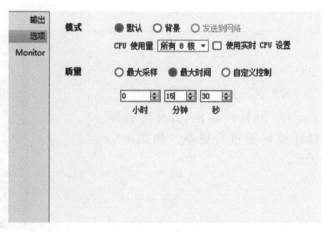

图 4-53

34. 图片输出之后，导入 PS 进行后期处理，如图 4-54 所示。

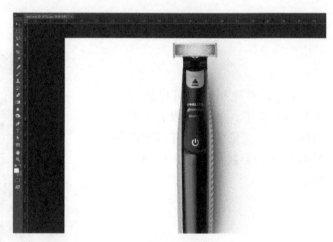

图 4-54

35. 这里可以看到选择的对象层跟 ao 层都被合成在 PSD 的文件里，提取 ao 层放在 rgba 图片层上方，clown 层放在 ao 层上方，并隐藏显示 clown 层，如图 4-55 所示。

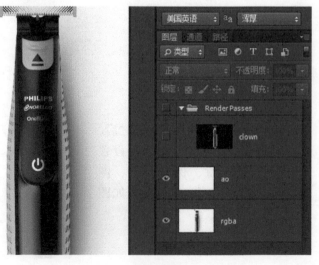

图 4-55

图  4-56

36. 为了凸出产品体积阴影和空间效果，这里将 ao 层复制四个，设置图层模式为"正片叠底"混合方式，如图 4-56 所示。

图  4-57

37. 将四个 ao 层按"Ctrl+E"快捷键合并，同样将合并后图层的混合模式改成"正片叠底"，如图 4-57 所示。

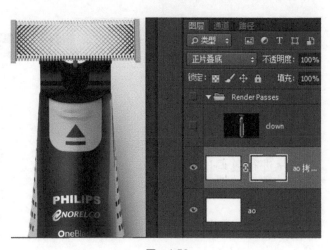

图  4-58

38. 在合并的图层上添加蒙版，并填充为白色，如图 4-58 所示。

39. 将上一步的图层蒙版颜色填充为黑色，再用白色画笔将梯级造型处进行涂抹，让梯级造型的阴影更强一些。接着在 rgba 图层上面添加一个亮度对比度来对图片的对比度和亮度进行微调，如图 4-59 所示。

图 4-59

40. 在亮度图层的白色蒙版内，将刀头部分的曝光区域用黑色画笔进行涂抹来降低曝光度，如图 4-60 所示。

图 4-60

41. 借用调色插件 Color Efex Pr0 4 对图片进行色调的整体调节，如图 4-61 所示。

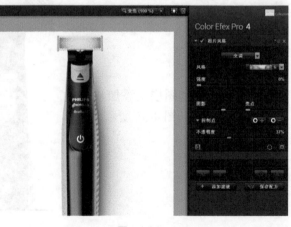

图 4-61

42. 最后再对亮度、对比度的调整图层进行透明度的调整，如图4-62所示，完成图片的美化。

图　4-62

图 4-63 所示为两种不同视角的渲染参考方式，大家可以学习灯光和材质表现效果，还有构图等。

图　4-63

## 4.3 手机案例

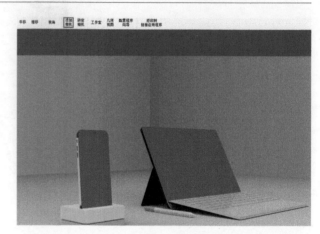

图 4-64

1. 导入模型，调整好想要的渲图视角，然后保存一个新的相机，如图 4-64 所示。

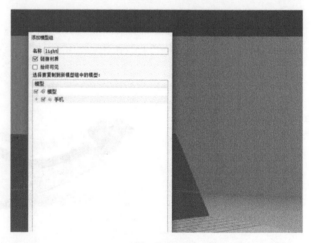

图 4-65

2. 在场景里添加一个打光的模型组，如图 4-65 所示。

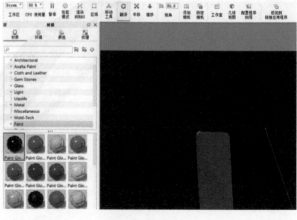

图 4-66

3. 为了方便看到灯光照亮的位置，把打光用的模型组材质全都调为光滑的塑料，如图 4-66 所示。

172

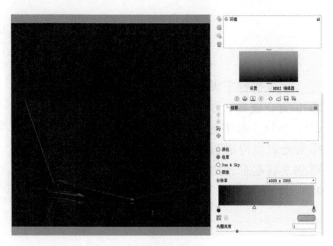

图 4-67

4. 把背景改为"色度",把白色区域改为灰色,让整体环境暗下去,如图 4-67 所示。

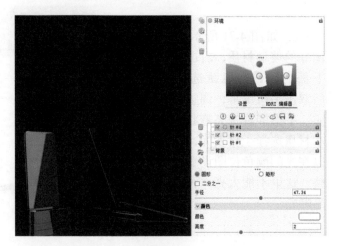

图 4-68

5. 添加灯光针打光,通过设置高亮显示在场景中,想让高光在哪个部位亮起来就单击哪个部位。这里为了体现手机屏幕的效果,在手机屏幕上打一束光,把衰减参数降为零,灯光位置如图 4-68 所示。打完光后如发现灯光有锯齿,需单击生成高分辨率 HDRI 按钮。

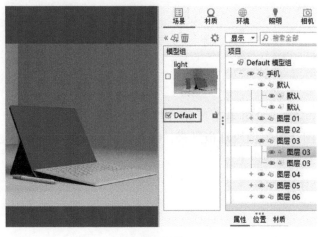

图 4-69

6. 回到场景面板中,把 light 模型组关闭,打开材质模型组,如图 4-69 所示。

7. 手机和平板屏幕上的材质使
用了实心玻璃，颜色用白色（255，
255，255）。由于这里需要屏幕上
那束光表现得很明显，把光泽度调
到 99.9 看起来是比较合适的，如图
4-70 所示。

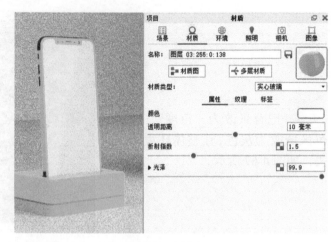

图 4-70

8. 如图 4-71 所示，选中上面
调好的玻璃材质，右击选择可见性
下面的隐藏，隐藏选定对象，然
后双击手机屏幕，调整屏幕上的材
质。手机屏幕是亮着状态，这里基
本材质选择了自发光，光的亮度可
以在光的颜色位图设置后再进行调
整。这里不能太亮，否则屏幕上容
易曝光。

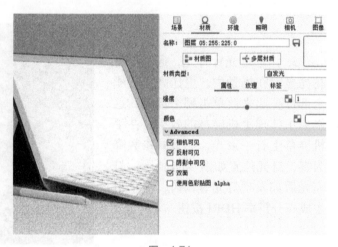

图 4-71

9. 如图 4-72 所示，打开材质
图，把图像纹理拖进来，链接到自
发光的颜色上。

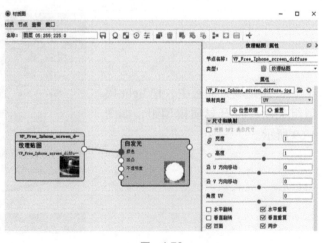

图 4-72

图　4-73

10. 如图 4-73 所示，屏幕上的外轮廓部分比较细腻，所以使用高级塑料材质。

图　4-74

11. 摄像头部分使用实心玻璃，颜色为淡灰色（241，241，241），如图 4-74 所示。

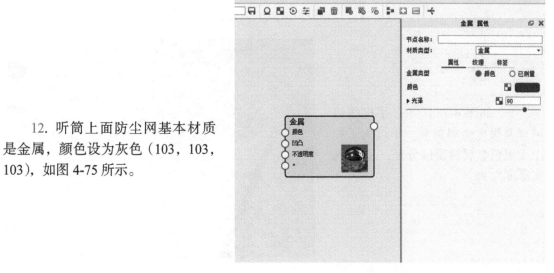

图　4-75

12. 听筒上面防尘网基本材质是金属，颜色设为灰色（103，103，103），如图 4-75 所示。

13. 为了制作网孔，在金属的不透明度上给了一张黑白贴图，黑色的部分透过去是孔的位置，这时候的网格比较平面，再给金属凹凸上赋予一张法线贴图，如图 4-76 所示。这样防尘网看起来更加真实。

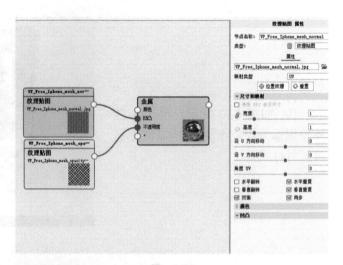

图 4-76

14. 如图 4-77 所示，手机外轮廓部分采用黑色金属材质，这里是磨砂的而且非常细腻。光泽设置为 90 即可。

图 4-77

15. 如图 4-78 所示，手机按钮同样是黑色金属材质。不过为了和上面黑色金属材质区分开，这里的光泽度为 98。

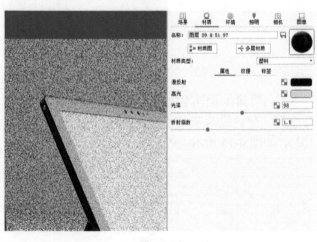

图 4-78

16. 手机底座上面部分是木纹材质。这里不需要太细腻，先给一个普通的塑料材质。如图 4-79 所示，设置漫反射为黑色，高光为白色，光泽为 95，折射指数为 1.5。

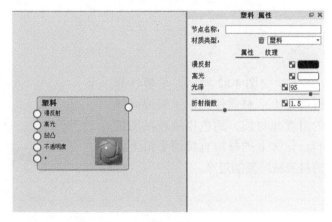

图 4-79

17. 打开材质图，将木纹贴图和木纹的法线贴图拖进来，分别以 UV 的映射方式链接到漫反射和凹凸上去，如图 4-80 所示。这时候，调整一下凹凸高度，这里的凹凸高度不能太明显。

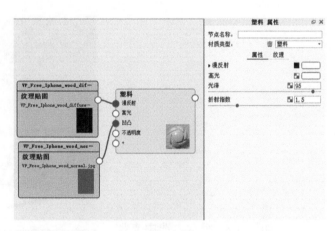

图 4-80

18. 底座下部分的材质使用高级塑料，塑料颜色为黑色，如图 4-81 所示。

图 4-81

177

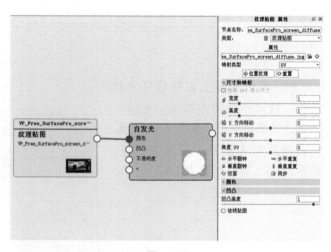

19. 如图 4-82 所示，平板计算机屏幕上的材质使用和手机屏同样的自发光材质，颜色用纹理贴图控制。轮廓上的材质直接用手机上面的材质粘贴复制过来。

图 4-82

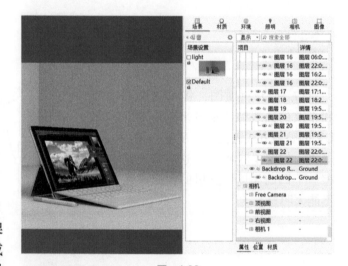

图 4-83

20. 如图 4-83 所示，选中支架对象图层 22，左键双击支架对象或在右击图层 22，选择材质下的编辑材质。如图 4-84 所示，平板电脑后面支架部分是磨砂金属材质，这里同样无须做过多的调整，设置"光泽"为 85 即可。

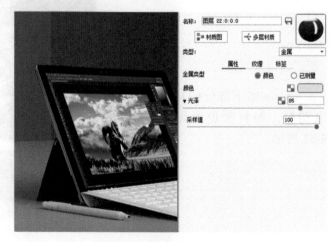

图 4-84

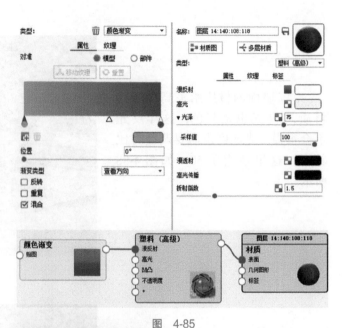

21. 键盘材质采用高级塑料，高光颜色给了一点蓝色（231，248，255）。为了让颜色看起来立体感更真实，漫反射颜色给了一个渐变的颜色，如图 4-85 所示。两个颜色分别为（17，180，245）和（19，102，174）。改变"渐变类型"为"查看方向"，远处颜色为深色。

图　4-85

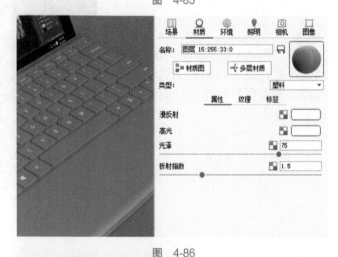

22. 键盘上的数字采用白色的塑料材质，不需要反射，如图 4-86 所示。

图　4-86

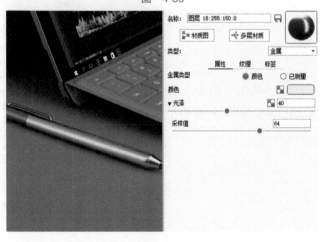

23. 笔中间部分为磨砂金属材质，笔的两边颜色比中间深一点。让两个金属材质拉开区别，笔尖使用塑料材质就行，高光部分设为灰色的，如图 4-87 所示。

图　4-87

24. 墙面的材质给了高级塑料材质，高光也是灰色，这样反光不会很强。光泽度也需要调整得比较低，这里使用了 50，如图 4-88 所示。

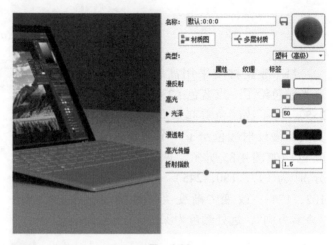

图 4-88

25. 如图 4-89 所示，现在已经调完所有材质，这时候发现灯光有点暗，需要再对灯光进行微调，调整完后就完成了。

图 4-89

26. 单击"渲染"按钮，设置输出格式，如图 4-90 所示。

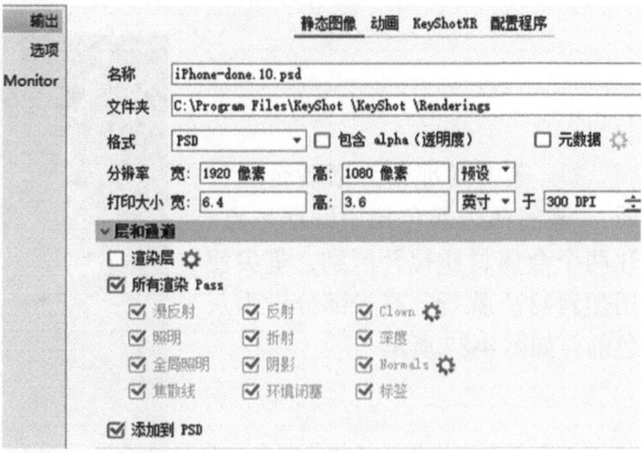

图 4-90

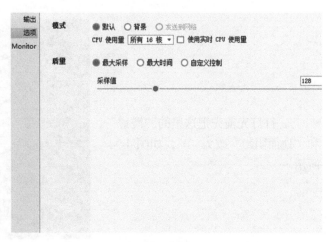

图　4-91

27. 设置渲染出图选项，设置最大采样值"128"（需根据自己计算机处理器强弱进行选择），如图 4-91 所示。

## 4.4　矿泉水瓶案例

1. 导入模型，调整好想要的渲图视角，然后保存一个新的相机，如图 4-92 所示。

图　4-92

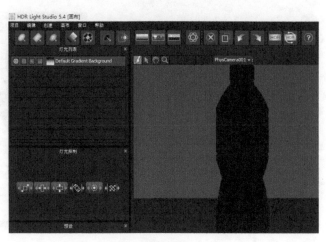

2. 把模型导入到 HDR Light Studio 灯光软件进行打灯光，如图 4-93 所示。

图　4-93

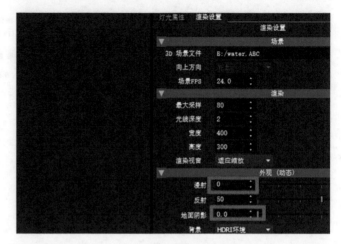

3. 打灯光前先把这里的"漫射"和"地面阴影"改为"0",如图4-94所示。

图 4-94

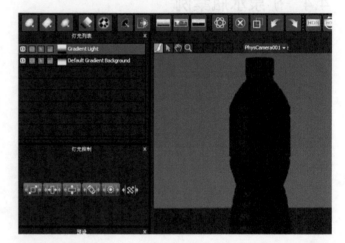

4. 在左侧添加渐变灯光,如图4-95所示。

图 4-95

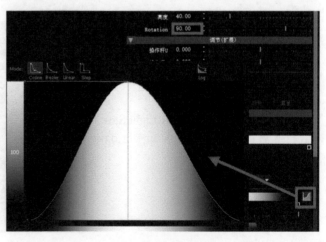

5. 把渐变灯光强度调整为600。为了让两侧灯光都渐变,调节衰减方式,使得两边衰减中间强,如图4-96所示,这时候发现衰减方向不对,需要旋转90°。

图 4-96

图　4-97

6. 在上一步渐变灯光上面右击，选择"复制"，复制一个灯光出来，如图 4-97 所示。

7. 把复制的灯光，通过灯光笔刷点到右边位置，如图 4-98 所示。

图　4-98

8. 添加一个圆形灯光，打一个逆光，灯光亮度为"120"，如图 4-99 所示。

图　4-99

图　4-100

9. 自己在右侧打一个高光。这里可以打开高级旋转，调整到如图 4-100 所示位置即可。

10. 在上下打一个六边形灯光，灯光亮度为"80"，手动拖到顶部即可，如图 4-101 所示，使环境整体亮起来。

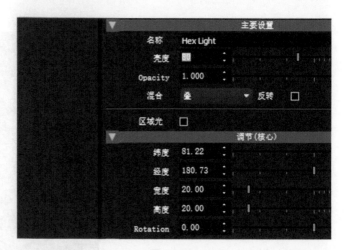

图　4-101

11. 单击顶部工具栏渲染 HDR，选择 KeyShot 对接（这里输出路径不能有中文），然后单击"渲染"按钮即可，如图 4-102 所示。

图　4-102

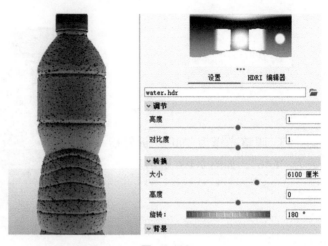

图　4-103

12. 单击右侧环境面板加载前面 HDR Light Studio 输出的 hdr 文件，灯光调整旋转角度 180°，对齐灯光，如图 4-103 所示。

图　4-104

13. 双击地面给一个地面材质，阴影为黑色，高光为白色，光泽度为 "95"，折射指数为 "1.525"。为了让瓶子产生很明显的倒影，这里反射对比设为 "0.85"，如图 4-104 所示。

14. 双击瓶盖给一个塑料材质，漫反射为蓝色（自己调整到满意即可），高光不要那么白，减弱一点，如图 4-105 所示。

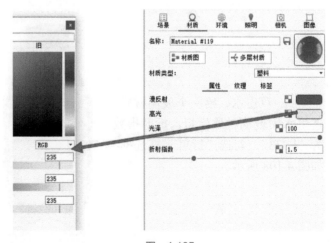

图　4-105

图 4-106

15. 调整光泽为"90"，折射指数为"1.46"，如图 4-106 所示。

图 4-107

16. 如图 4-107 所示，在场景面板中，把瓶子外面的模型都隐藏，留下瓶子中水模型。

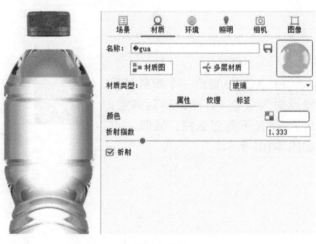

图 4-108

17. 双击水，给一个玻璃材质。这里水用玻璃材质模拟，折射指数为"1.333"，勾选"折射"复选框，如图 4-108 所示。

18. 为了让水两边偏蓝色中间偏白色，这里给玻璃添加一个渐变，如图 4-109 所示。可以按键盘 C 键预览一下效果。此时发现方向不对，需要给到以视角方向渐变。

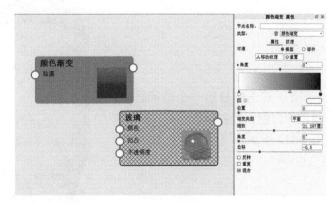

图 4-109

19. 现在把渐变的两边调整为淡蓝色，通过色彩滑块，调整位置，如图 4-110 所示。

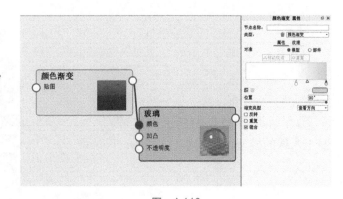

图 4-110

20. 在场景面板中，把瓶子瓶身显示出来，如图 4-111 所示。

图 4-111

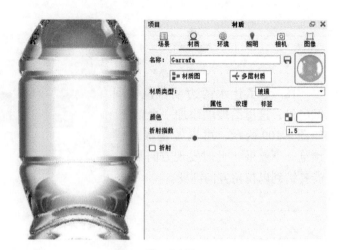

21. 双击瓶身给一个玻璃材质，颜色为白色，折射指数为"1.5"，如图 4-112 所示。

图　4-112

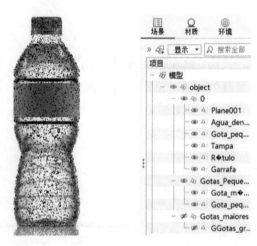

22. 在场景面板中显示出瓶子身上水珠的模型，如图 4-113 所示。

图　4-113

23. 由于外面水珠的材质和内部水的材质是一样的，在场景面板中，找到水的材质，右击，选择材质中的"复制材质"，如图 4-114 所示。

图　4-114

24. 将上一步复制的材质粘贴到外面水珠上面，如图 4-115 所示。

图 4-115

 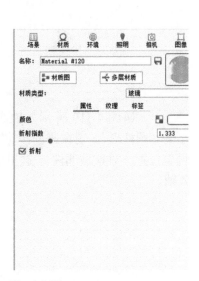

25. 双击瓶子标签模型给一个玻璃材质，折射指数为"1.333"，勾选"折射"复选框，如图 4-116 所示。

图 4-116

26. 打开材质图，把 logo 拖到材质图中，链接颜色上面，如图 4-117 所示。现在 logo 位置明显不对，需要调整。

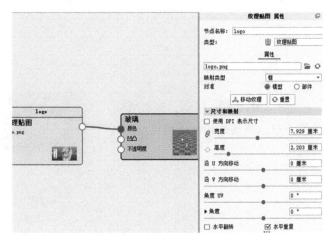

图 4-117

27. 按键盘上 C 键预览一下材质，发现透明部件比较多，反应慢，因此暂时开启性能模式，如图 4-118 所示。

图 4-118

28. 如图 4-119 所示，映射类型为"圆柱形"。现在通过移动纹理调整位置，对象是部件，这里适应 Z 轴。

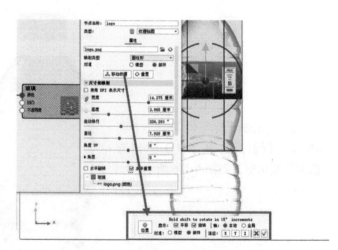

图 4-119

29. 如图 4-120 所示，现在方向关系不对，需要旋转一下角度。

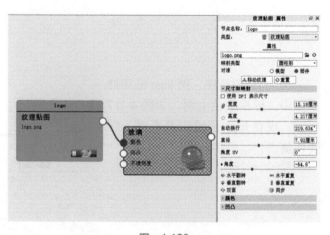

图 4-120

30. 如图 4-121 所示，把 logo
纹理从颜色贴到不透明度，让标签
logo 图透明显示，但是直接贴到不
透明度，显示的是灰色图。因此，
需要再添加一个塑材材质控制标签
颜色显示。

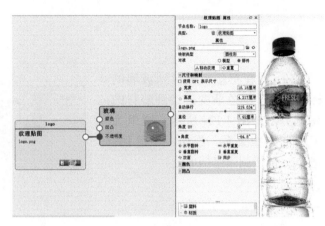

图　4-121

31. 把 logo 添加到塑料的漫反
射上面，高光为白色，折射指数为
"1.5"，如图 4-122 所示。

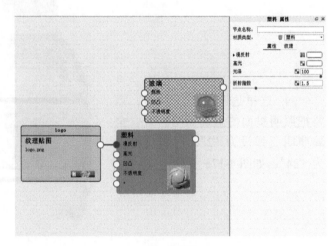

图　4-122

32. 反光部分用颜色渐变控制，
映射类型（Gradient Type）为视角
方向（View Direction），把黑色调
整为灰色，如图 4-123 所示。

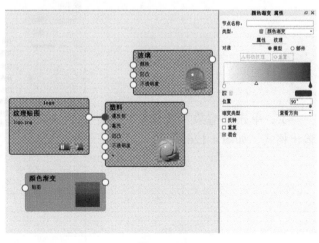

图　4-123

33. 现在把塑料链接到玻璃的标签 1 上，颜色渐变链接到塑料的高光上，如图 4-124 所示。这里为了增加体积关系，添加一个遮挡，把 logo 链接到未遮挡部分。

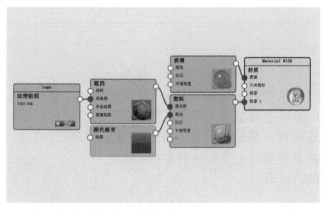

图　4-124

34. 这里透明材质比较多，需要把照明里面的全局照明打开。全局照明反弹设为 "2"，射线反弹设为 "24"，如图 4-125 所示。

图　4-125

35. 单击 "渲染" 按钮，设置输出格式，如图 4-126 所示。

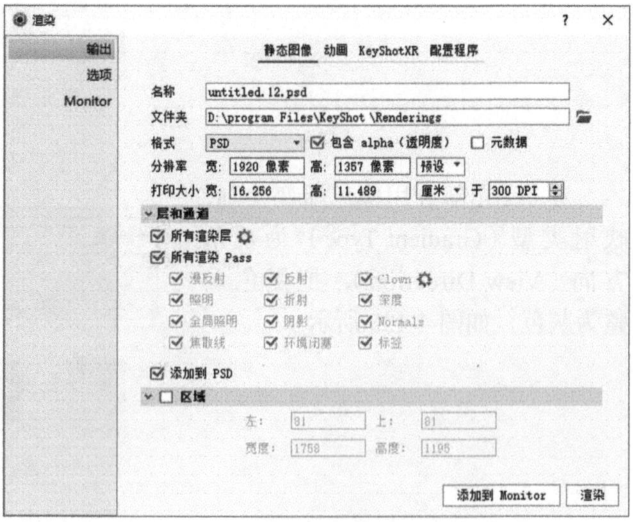

图　4-126

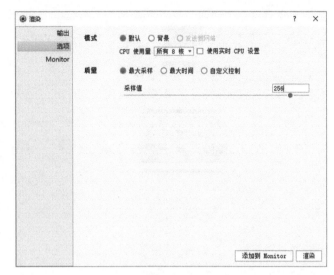

36. 设置渲染出图选项，设置最大采样值为"256"（需根据计算机处理器强弱进行选择），如图 4-127 所示。

图　4-127

37. 最后使用 Photoshop 打开渲染好的 PSD 文件，并后期处理阴影和 ao 叠加方式，如图 4-128 所示。然后打开滤镜调色插件对其校色，调整到自己满意后单击"确定"按钮完成调色。

图　4-128

38. 在调色后的图层底下创建一个新图层填充白色，然后在调色图层创建图层蒙版，选取后使用油漆桶工具对底下倒影设置衰减渐变透明即可，如图 4-129 所示，做出消失的倒影效果。

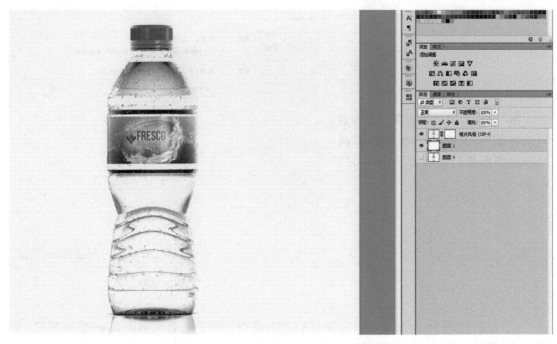

图 4-129

## 4.5 莱卡相机案例

1. 如图 4-130 所示，打开莱卡相机场景模型文件，可以看到设置的相机参数。

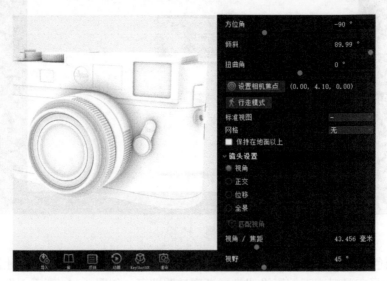

图 4-130

图 4-131

2. 如图 4-131 所示，单击右侧场景面板■添加模型组，设置名称 HLS 打光确定。（该设置目的是做打光的准备工作）

3. 设置好模型组之后，可以在左边的材质库中找到纯反射黑色车漆材质（艾仕得涂料）拖到右侧 HLS 模型组下面的 object 对象上，如图 4-132 所示。这时候即时窗口模型都是黑色反射显示，单击工具栏锁定相机按钮■，锁定相机。

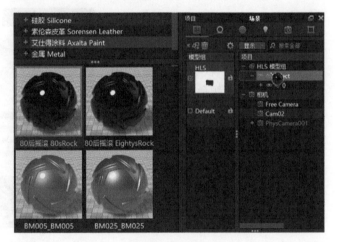

图 4-132

4. 在打光之前可以通过 KeyShot 快捷键 Shift+P 暂停实时渲染。这时候打开 HDR Light Studio 打光软件，单击播放按钮▶浏览 3D 场景，如图 4-133 所示。

图 4-133

图　4-134

5. 用 HDR Light Studio 打开莱卡 ABC 场景文件，路径和文件名称都不能是中文，否则会打开失败，如图 4-134 所示。

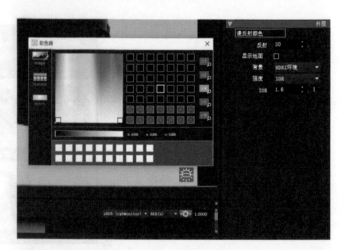

图　4-135

6. 单击"外观">"漫反射颜色"，将改成纯黑颜色。取消"显示地面"复选框选中状态，IOR 强度改为"1.6"，如图 4-135 所示，单击"确定"按钮完成设置准备工作。

7. 如图 4-136 所示，在灯光列表中找到默认背景灯光（Default Gradient Background），在右侧灯光属性面板更改亮度为"5"，背景灯光改低，主光源变亮。

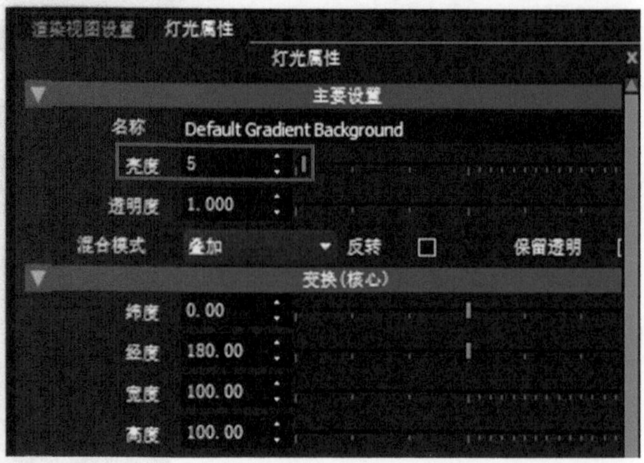

图　4-136

8. 如图 4-137 所示，在 HLS 预设
灯光库中选择去半灯光（Softer Half
Square），拖到相机右侧圆角转折处，
并设置右侧灯光属性面板，亮度设
为"300"，旋转角度（Rotation）为
"90"，调整合适的灯光大小。

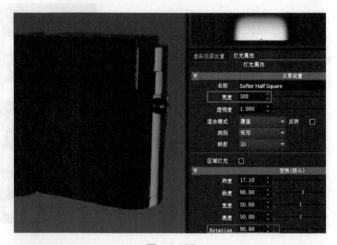

图 4-137

9. 在灯光列表中，右击去半灯
光（Softer Half Square），选择复制，
复制一个灯光，左击相机左侧圆角
转折处打出一个反射灯光，如图
4-138 所示。

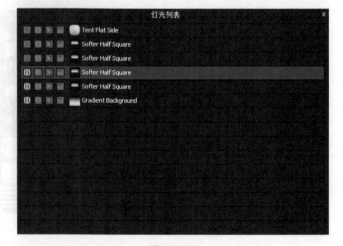

图 4-138

10. 在灯光列表中，再右击去
半灯光（Softer Half Square），复制
一个灯光，然后单击相机右侧圆
角转折处打出一个反射灯光，如图
4-139 所示，设置亮度为"500"，旋
转角度（Rotation）为"-90.00"。

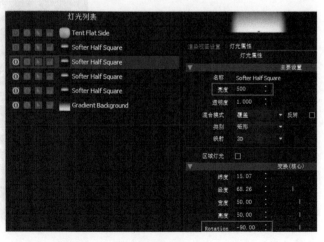

图 4-139

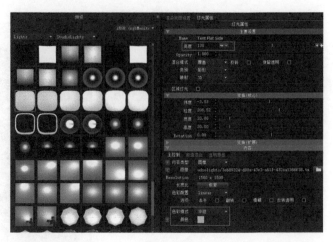

图 4-140

11. 如图 4-140 所示，在 HLS 预设灯光库选择灯光（Tent Flat Side）拖到相机顶部表面处，并设置灯光属性，亮度为"130"，色彩模式改成平坦，颜色改成蓝色。

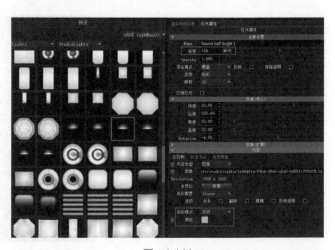

图 4-141

12. 如图 4-141 所示，在 HLS 预设灯光库选择灯光（Tent Flat Side）拖到镜头玻璃表面处，并设置灯光属性面板，亮度为"100"，色彩模式改成平坦，颜色改成蓝色，再复制一个相同灯光，把平坦颜色改为绿色。

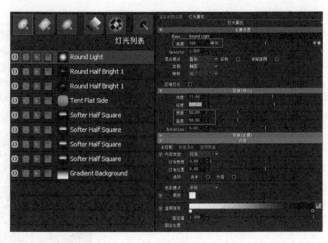

图 4-142

13. 新建一个圆形灯光并修改灯光笔刷为背景方式，单击相机中心位置打出背景逆光光源。如图 4-142 所示，设置灯光属性，修改宽度和高度为"50"。这是摄影棚标准大小。

14. 单击工具栏的 HDR 图标，弹出渲染灯光环境窗口，定位链接选择 KeyShot 软件，分辨率设置为"3000×1500"，格式选择"HDR"，保存路径和文件名称都设置为英文，单击"渲染"按钮输出，如图 4-143 所示。

图 4-143

15. 在 KeyShot 右侧环境面板单击"设置"，然后打开上一步输出的 HDR 灯光文件，旋转角度设为"180°"，背景改成白色，关闭地面阴影选项，完成完美对接，如图 4-144 所示。

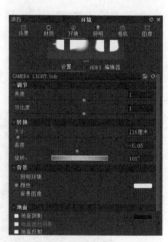

图 4-144

16. 在 KeyShot 右侧场景面板单击模型组，关闭 HLS，勾选"Default 模型组"复选框。模型是白膜状态，需要给每个部件都赋予材质效果，如图 4-145 所示。

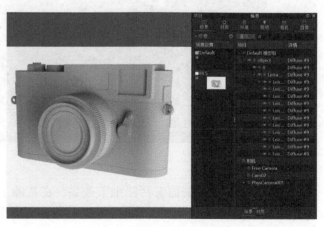

图 4-145

17. 双击相机上面的金属对象，更改材质类型为金属，光泽度改成"25"；单击光泽左侧的三角形，采样值改成"100"，如图 4-146 所示（金属表面会更加细腻光滑）。

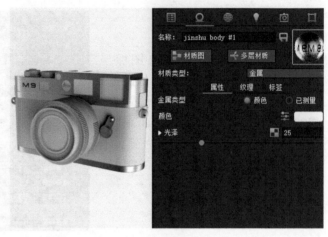

图 4-146

18. 单击▦材质图按钮，打开材质节点图编辑器窗口，如图 4-147 所示。拖入 M9 贴图并链接到金属的凹凸和色彩调整的颜色节点处。在颜色节点蓝线处右击选择"实用工具"中的"色彩调整"，设置值为"1.4"。然后单击 M9 贴图，修改映射类型为"UV"，宽度和高度都设为"1"，凹凸高度为"0.3"。

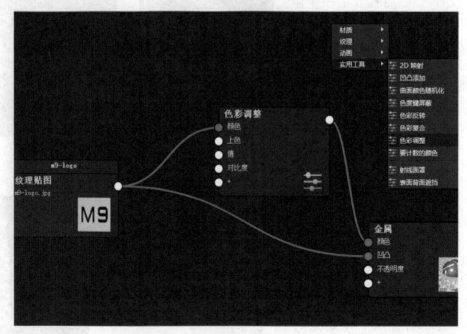

图 4-147

19. 为了让金属表面有污渍细节效果，在基础上再增加混合材质表现。右击选择"材质"中的"金属"材质，然后添加纹理贴图和刮痕程序贴图；右击选择"实用工具"中的"凹凸添加"，并按图 4-148 所示链接节点。

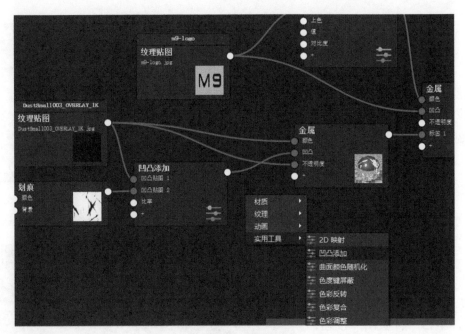

图 4-148

20. 目前材质整体效果中的字 "M9" 不是很黑, 所以右击选择 "材质" 中的 "塑料", 更改塑料漫反射颜色为黑色, 高光为白色, 拖入 M9-logo 贴图链接到塑料不透明度节点处, 并修改 M9-logo 贴图为 UV 映射, 然后在不透明度连线右击选择 "实用工具" 中的 "反转", 如图 4-149 所示。

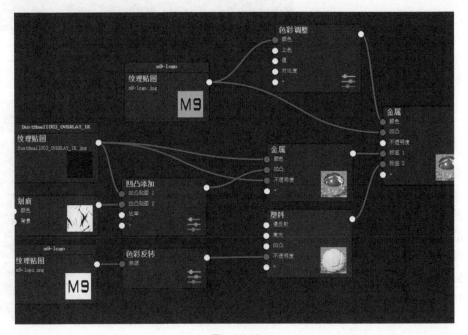

图 4-149

21. 如图 4-150 所示，目前已经完成相机金属上身材质的节点编辑。由于节点编辑器是混合材质，所以在逻辑上面需要思考和理解其用意，M9 标签 logo 和凹凸效果均表现在金属材质表面上。

图 4-150

22. 双击金属部件下面的皮纹对象，单击"材质图"按钮，打开节点编辑器，更改材质为"塑料（高级）"材质类型，高光为白色，高光传播为黑色，折射指数为"1.52"，点开光泽左侧三角形采样值设置为"12"，如图 4-151 所示。

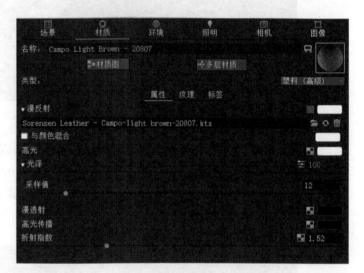

图 4-151

23. 用皮纹贴图拖入节点编辑器窗口中，该皮纹贴图是 ktx 格式，映射方式用框。在链接粗糙度的连线右击选择"实用工具"中的要计数的颜色，然后设置输入目标为"0.125"，输出来源为"0.853"，输出目标为"0.02"，如图 4-152 所示。

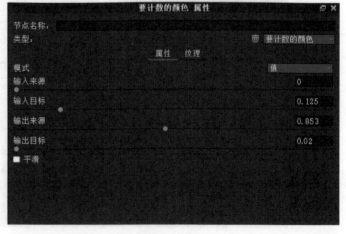

图 4-152

图　4-153

24. 选中要计数的颜色块，按快捷键 C 显示贴图预览效果，如图 4-153 所示。预览颜色越黑反射越强，通过输入和输出参数控制可以反射出不同的表面细节效果。

25. 双击相机光圈对象，更改材质为"塑料（高级）"类型，高光改成白色反射，高光传播改成黑色，光泽为"90"，采样值为"24"，折射指数为"1.6"，如图 4-154 所示。

图　4-154

26. 如图 4-155 所示，打开节点编辑器窗口，把光圈贴图（lens_rings_diff）拖入节点窗口内，链接贴图到"塑料（高级）"的漫反射和凹凸节点处。双击纹理贴图设置映射类型为"UV"，宽度和高度都设为"1"，凹凸高度设为"0.3"。

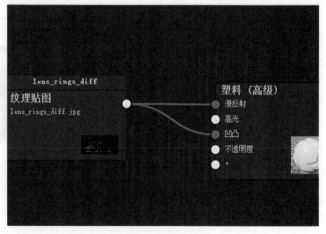

图　4-155

27. 双击镜头前面的对象并设置材质为"塑料（高级）"材质，漫反射改成黑色，高光设置为白色，光泽为"90"，采样值设置为"12"，高光传播设置为黑色，折射指数设置为"1.52"，如图 4-156 所示。

图 4-156

28. 双击皮质上面的挂钩对象，设置材质类型为"金属"材质，颜色为 HSV 数值 97% 白，光泽为"40"，采样值为"100"，如图 4-157 所示。（金属采样值"100"，表面更细腻光滑）

图 4-157

29. 双击镜头玻璃对象并设置为薄膜材质，折射指数设置为"1.2"，厚度设置为"480 纳米"，彩色滤镜设置为 HSV 绿色：色调"140°"，饱和度"89%"，值"74%"，如图 4-158 所示。

图 4-158

图 4-159

30. 右击最外面镜头薄膜对象，选择"可见性"中的"隐藏部件"，显示透明对象后面的部件，如图 4-159 所示。

图 4-160

31. 双击内部镜头的玻璃对象并设置为"薄膜"材质，折射指数设置为"1.2"，厚度设置为"580 纳米"，彩色滤镜默认不动，如图 4-160 所示。

图 4-161

32. 如图 4-161 所示，右击背景空白处（非虚拟地面模型），选择显示所有部件，把之前隐藏的所有对象全部显示出来，然后编辑其他材质部分。

33. 双击相机快门旋钮对象并设置为金属材质，颜色 HSV 值为 "85%"，光泽度设置为 "60"，采样值设置为 "100"，如图 4-162 所示（金属反射要明显些，所以设置光泽大些）。

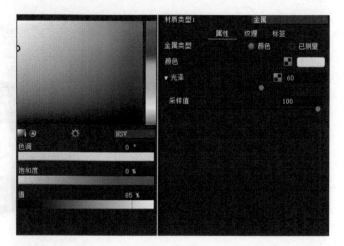

图　4-162

34. 如图 4-163 所示，单击右侧相机面板的 "Free Camera"，然后转动视角到顶部角度，右击快门对象，选择 "可见性" 中的 "仅显示"。

图　4-163

35. 打开节点编辑器窗口，把 Mask 贴图拖入节点窗口中，链接灰度（gray）贴图到金属的颜色和凹凸节点处，凹凸高度为 "0.2"。右击 "材质" 中的 "塑料" 材质，链接灰度贴图到塑料漫反射节点，Mask 贴图加反转链接塑料的不透明度节点处，再将塑料材质链接金属标签节点，贴图映射类型都是 UV，宽度、高度都是 "1"，如图 4-164 所示。

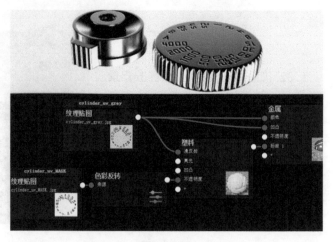

图　4-164

36. 双击 Leica 标签底下红色对象，并设置金属漆材质，设置基色和金属颜色，如图 4-165 所示。金属覆盖范围为 "0"，金属表面光泽为 "53.926"，透明涂层折射指数为 "1.5"，并设置右边的玻璃为单层玻璃材质白色。

图　4-165

37. 双击上面金属对象右边的黑色对象并设置油漆材质型，颜色设置为 HSV 黑色，光泽为 "100" 纯反射，折射指数为 "1.5"，模拟高反射不透黑玻璃效果，如图 4-166 所示。

图　4-166

38. 单击上一个对象周围的一圈对象并设置 "塑料" 材质，设置漫反射为 HSV 黑色，光泽为 "70"，折射指数为 "1.5"，如图 4-167 所示。

图　4-167

39. 双击红色对象右边的闪光灯对象并设置 "塑料" 材质。打开节点编辑器窗口，右击选择 "纹理" 中的 "颜色渐变" 并链接到塑料的漫反射节点处。双击颜色渐变设置渐变类型为"查看方向",再如图 4-168 所示调节渐变颜色滑块效果。

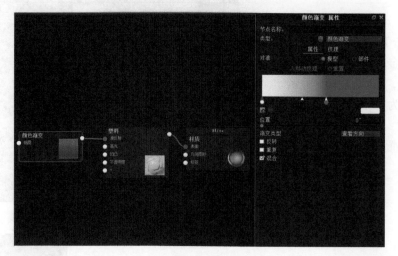

图　4-168

40. 在 KeyShot 右侧选择相机面板,切换相机列表为"Cam02"相机,改变最终渲染视角,右击空白背景选择显示所有对象,把之前隐藏的对象全部显示,如图 4-169 所示。

图　4-169

41. 在 KeyShot 右侧选择照明面板,选择自定义设置即时渲染参数,射线反弹设为"24",勾选"全局照明"复选框并设置全局照明反弹为"2",最后选中"新产品模式(测试阶段)"单选按钮,如图 4-170所示。

图　4-170

42. 单击 KeyShot 最底下工具栏的 "渲染" 按钮，设置输出选项面板，设置好文件名称和保存文件夹路径，格式选择 PSD（包含 alpha 背景会透明不显示），分辨率设置为宽 "3000 像素"，高 "2678 像素"，层和通道勾选 "环境闭塞" 和 "Clown" 复选框，并勾选 "添加到 PSD" 复选框，如图 4-171 所示。（环境闭塞增强立体阴影，Clown 是材质分层选区）。

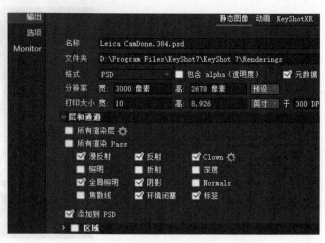

图 4-171

43. 单击选项面板界面，CPU 使用量使用所有核心数（不要勾选 "实时 CPU 设置" 复选框），使用最大采样或最大时间都可以。这里是设置 "40 分钟 30 秒" 时间出图（根据计算机 CPU 速度来计算），如图 4-172 所示。

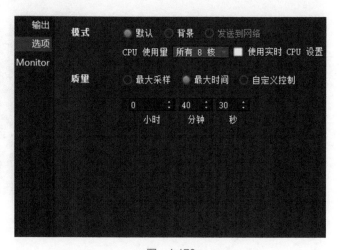

图 4-172

44. 最终出图完成后用 Photoshop 软件打开编辑，增强细节刻画和调色对比等。调整后期效果如图 4-173 所示。接下来讲述 PS 调整部分。

图 4-173

45. 最终渲染的文件用 PSD 打开后效果如图 4-174 所示，在图层中可以看到通道图层。

图　4-174

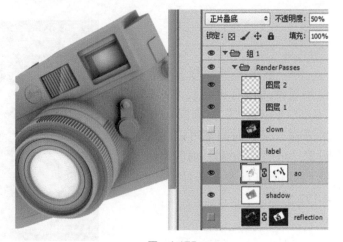

46. 单击通道图层 ao（环境闭塞）和 shadow（阴影），并设置为正片叠底类型，增强相机本身的细节，体积立体和阴影效果，可以在其后面加图层蒙版来擦除不需增强的区域，如图 4-175 所示。

图　4-175

47. 单击通道图层 reflection（反射）并设置正常类型，突出皮纹黑色细节叠加显示，很多细节被遮住，所以需要增加一个图层蒙版扣除被遮的地方，如图 4-176 所示。

图　4-176

48. 在通道 reflection 层加图层
蒙版扣除被遮的 rgb 原始层的区域,
最后再通过 clown 通道层玻璃选区
绘制玻璃反射高光图层 1 和图层 2,
如图 4-177 所示。

图　4-177

49. 选取右边所有图层,使用
快捷键 Ctrl+E 合并所有层,再用
PS 滤镜 - Color Efex Pro 插件调色,
选择自己喜欢的风格类型并调节合
适即可完成最终效果,如图 4-178
所示。

图　4-178

## 4.6　蓝牙耳机案例

1. 打开 KeyShot 耳机模型场景,
设置好相机视角,如图 4-179 所示。

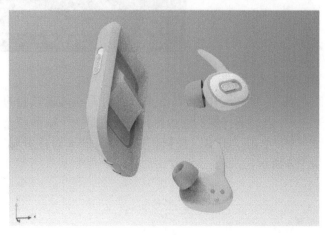

图　4-179

2. 把场景对接到 HDR Light Studio 灯光软件进行灯光绘制，如图 4-180 所示。

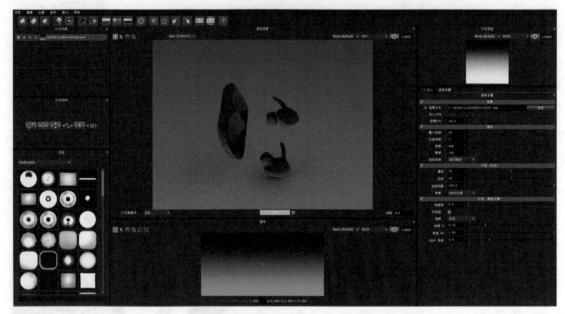

图　4-180

3. 把渲染设置中的漫射和地面阴影都改为"0"，如图 4-181 所示。

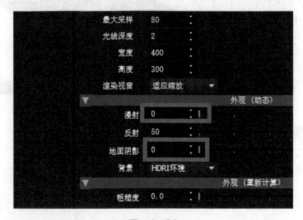

图　4-181

4. 打出突出耳机细节的柔光，让耳机体现弧面的柔和感，如图 4-182 所示。

5. 此时遥控器的左边比较暗，再打一个矩形灯光在遥控器的左边，如图 4-183 所示。

6. 单击"HDR"按钮，选择 KeyShot 对接并输出 1000 分辨率的 hdr 灯光文件，如图 4-184 所示。

图　4-182

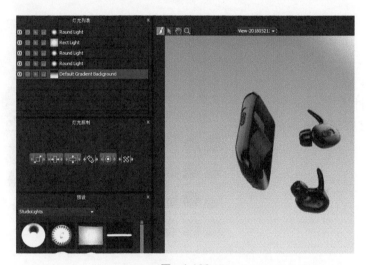

图　4-183

图　4-184

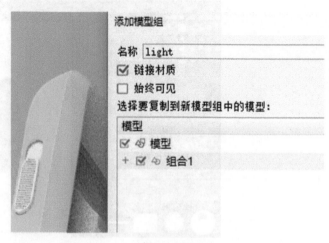

图 4-185

7. 在场景里添加一个打光用的模型组，如图 4-185 所示。

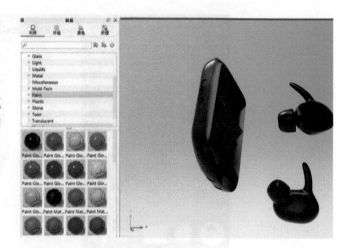

图 4-186

8. 从左边材质库 paint 里面拖一个黑色油漆材质到整体模型，如图 4-186 所示。

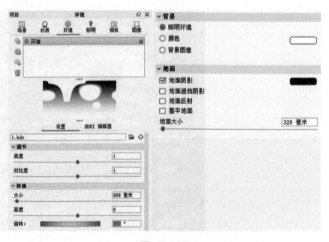

图 4-187

9. 单击右侧环境面板，加载前面输出的 hdr 文件灯光，调整旋转角度为"180°"，对齐灯光，如图 4-187 所示。

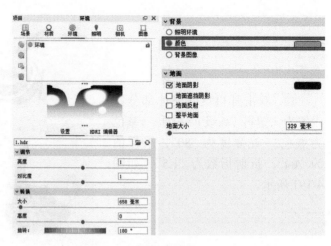

10. 在灯光设置里面把背景改为"颜色",然后调整为灰色,如图4-188 所示。

图 4-188

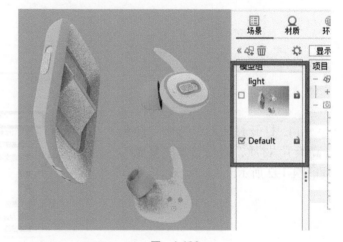

11. 关闭打光模型组,打开之前的模型组,如图 4-189 所示。

图 4-189

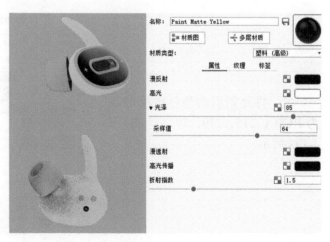

12. 双击耳机背面壳体部分并设置为"塑料(高级)"材质,基色为黑色,光泽度为"85",采样值为"64",折射指数为"1.5",如图4-190 所示。

图 4-190

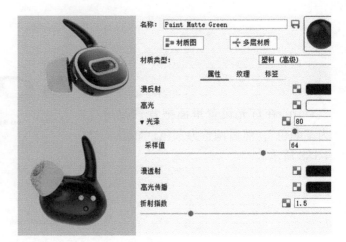

图 4-191

13. 双击耳机反面壳体部分并设置为"塑料（高级）"材质，基色为黑色，光泽度为"80"，采样值为"64"，折射指数为"1.5"，如图4-191所示。

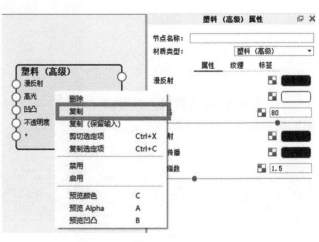

图 4-192

14. 打开材质图，选中"塑料（高级）"材质，右击选择"复制"，如图 4-192 所示。

15. 将复制后的塑料漫反射改为 RGB（215，229，59），如图4-193 所示。

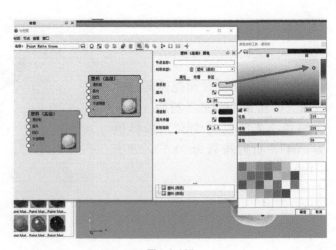

图 4-193

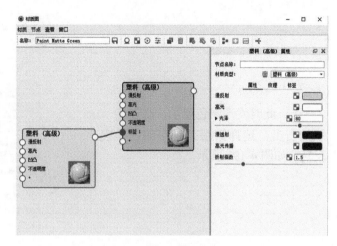

16. 将调整颜色后的塑料链接到前一层塑料的标签上，如图 4-194 所示。

图　4-194

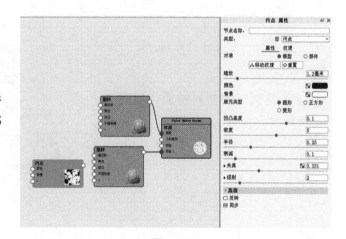

17. 添加一个污点程序纹理，并调整污点的大小和密度，如图 4-195 所示。

图　4-195

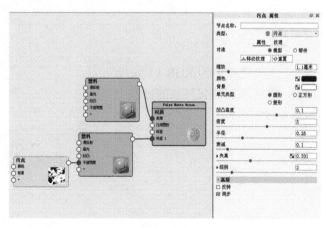

18. 将新添加的污点程序纹理链接到塑料的不透明度上，如图 4-196 所示。

图　4-196

19. 此时发现颜色反了，在连接线处右击，选择实用工具中的色彩反转，如图 4-197 所示。

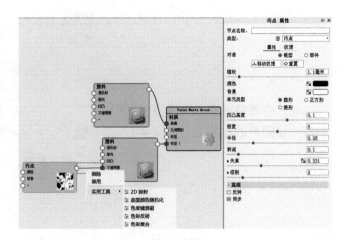

图 4-197

20. 复制一份塑料材质，如图 4-198 所示。

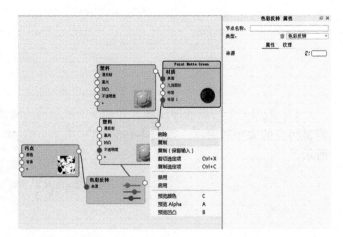

图 4-198

21. 改变颜色为 RGB（126,126,126），然后添加到父材质的标签上，如图 4-199 所示。

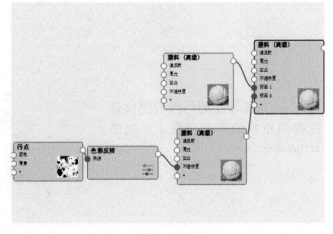

图 4-199

22. 把斑点复制一份出来，如图
4-200 所示。

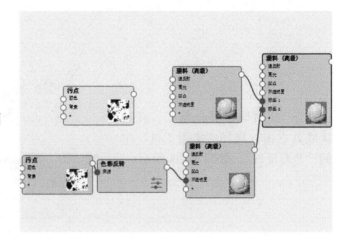

图　4-200

23. 调整斑点大小。此时斑点
比上一个斑点半径小，密度大一点，
如图 4-201 所示。

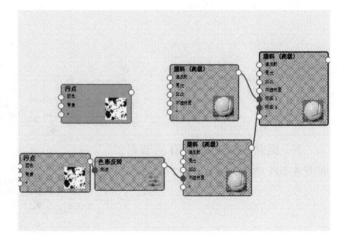

图　4-201

24. 将新添加的污点链接到对
应的塑料的不透明度上，如图 4-202
所示。

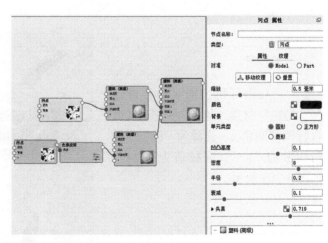

图　4-202

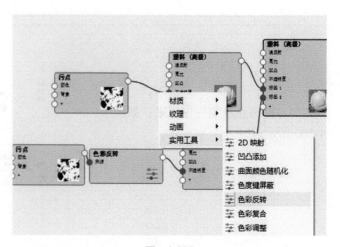

图 4-203

25. 此时同样颜色反了，在连接线处右击，选择"实用工具"中的"色彩反转"，如图 4-203 所示。

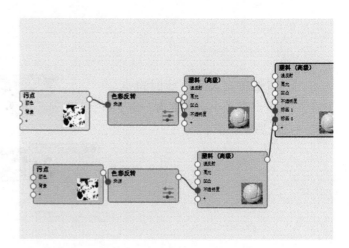

图 4-204

26. 链接好该材质所有的节点，如图 4-204 所示。

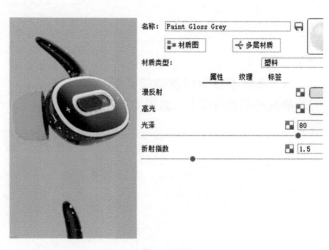

图 4-205

27. 双击耳机边缘对象并设置为"塑料"材质，基色为黄绿色（可自行调整颜色），光泽为"80"，折射指数为"1.5"，采样值为"128"，如图 4-205 所示。

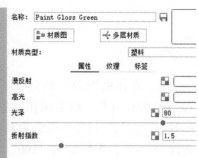

28. 双击文字对象并设置为"塑料"材质，基色为白色，光泽为"80"，折射指数为"1.5"，采样值为"128"，如图 4-206 所示。

图　4-206

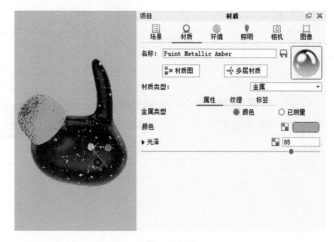

29. 双击按钮对象并设置为"金属"材质，同时设置基色为灰色（可自行调整颜色），光泽为"85"，折射指数为"1.5"，采样值为"128"，如图 4-207 所示。

图　4-207

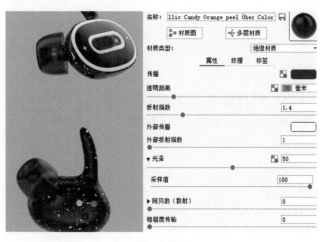

30. 双击耳塞对象并设置为"绝缘材质"，同时设置基色为灰色（可自行调整颜色），透明距离为"0.3 毫米"，光泽为"50"，采样值为"100"，折射指数为"1.4"，如图 4-208 所示。

图　4-208

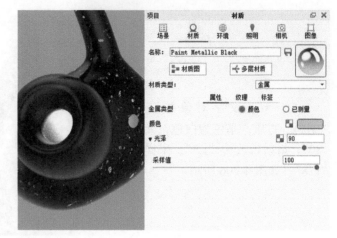

31. 将相机视角移动到能看见耳塞内部的地方，双击网孔对象并设置为"金属"材质，颜色为灰色，光泽为"90"，采样值为"100"，如图 4-209 所示。

图　4-209

32. 打开材质图，添加网格程序纹理，并调整其大小，如图 4-210 所示。

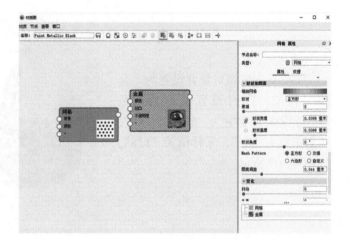

图　4-210

33. 将网格链接到金属的不透明度和凹凸上，如图 4-211 所示。

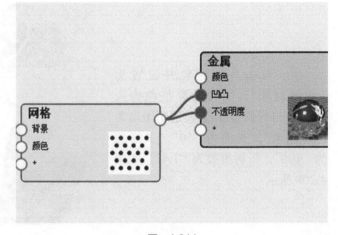

图　4-211

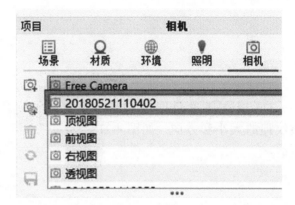

34. 在项目面板中找到"相机"，切换到之前保存的相机视角，如图 4-212 所示。

图　4-212

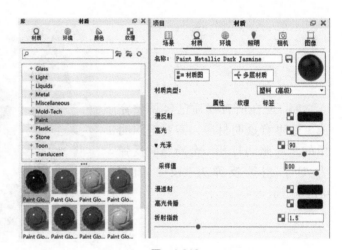

35. 双击遥控器按钮下面对象并设置为"塑料（高级）"材质，颜色为黑色，光泽为"90"，采样值为"100"，如图 4-213 所示。

图　4-213

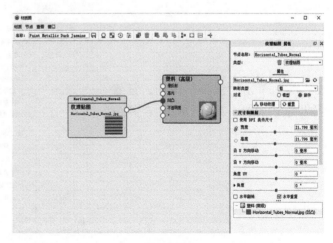

36. 从库面板下找到条纹的法线贴图，拖入材质图里，并链接到"塑料（高级）"的凹凸上，如图 4-214 所示。

图　4-214

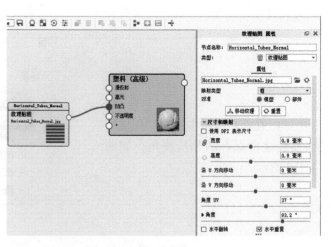

图 4-215

37. 现在通过角度和宽度调整纹理的大小和方向，如图 4-215 所示。

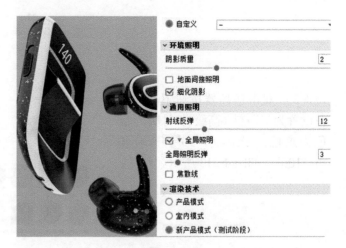

图 4-216

38. 现在所有材质已经调整完成。这里有透明材质，需要把照明里的全局照明打开，全局照明反弹为"3"，射线反弹为"12"，如图4-216 所示。

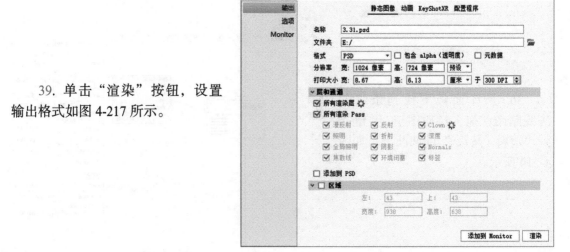

39. 单击"渲染"按钮，设置输出格式如图 4-217 所示。

图 4-217

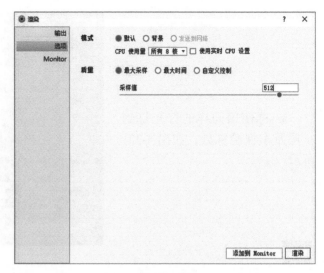

图　4-218

40. 设置渲染出图选项，设置最大采样值为 "512"（需根据计算机处理器强弱进行选择），如图 4-218 所示。

# 4.7　汽车案例

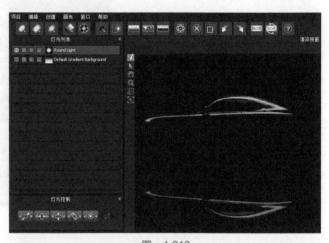

图　4-219

1. 把场景对接到 HDR Light Studio 灯光软件进行灯光绘制，先使用圆形柔光灯打到 C 柱，如图 4-219 所示。

2. 接着添加圆形柔光灯，对侧身腰线进行修饰，用两盏光的叠加让腰线位置的光感更有层次，如图 4-220 所示。

图　4-220

图 4-221

3. 再使用同样的灯光打到车尾及车保险杠处，如图 4-221 所示。

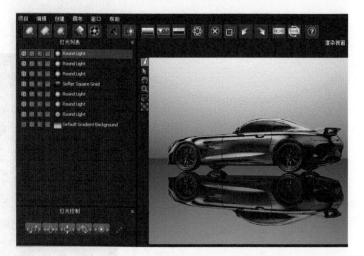

图 4-222

4. 最后打出车逆光轮廓线和车轮补光及车头的灯光线，并做出最终的灯光调整，然后单击 "HDR" 按钮，选择 KeyShot 对接并输出 3000 分辨率的灯光 hdr 文件，如图 4-222 所示。

图 4-223

5. 打开 KeyShot 汽车模型场景，摆好汽车的侧身角度，如图 4-223 所示。

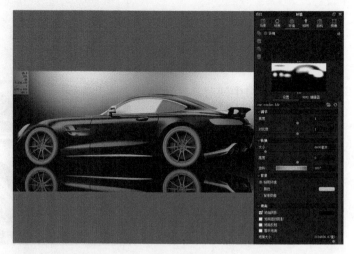

图 4-224

6. 从左边材质库 Axalta Paint 里面随意拖一个车漆材质到车身，然后单击右侧环境面板加载前面 HDR Light Studio 输出的 hdr 灯光文件，调整旋转角度为"180°"，对齐灯光，如图 4-224 所示。

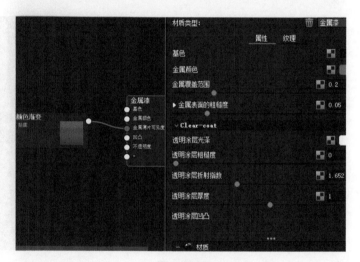

图 4-225

7. 双击车身材质，调节汽车"金属漆"材质，基色为黑色，金属颜色为灰色。这里的金属薄片可见度使用贴图控制，如图 4-225 所示。

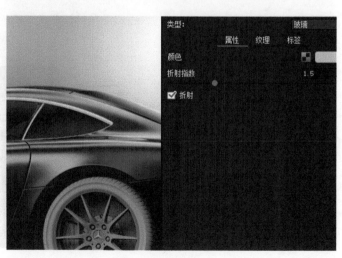

图 4-226

8. 双击车窗对象，设置为玻璃材质，前侧车窗颜色较浅，后侧车窗颜色较深，打开折射，如图 4-226 所示。

9. 双击车窗中间对象，设置为塑料材质，颜色为黑色，粗糙度为 "0.05"，折射指数为 "1.525"，如图 4-227 所示。

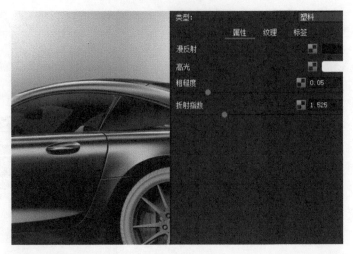

图 4-227

10. 双击后视镜及尾翼，设置为 "金属漆" 材质，此处为碳纤维材质，所以将碳纤维贴图分别链接到金属漆的基色、透明图层凹凸及凹凸上，如图 4-228 所示。

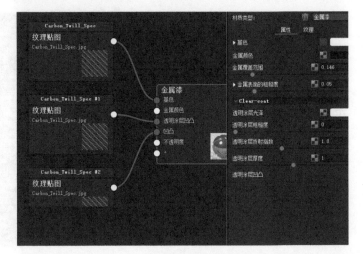

图 4-228

11. 双击尾灯，设置为 "玻璃" 材质，参数如图 4-229 所示。

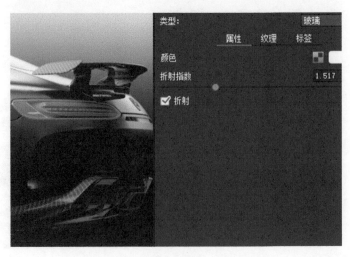

图 4-229

12. 右击尾灯玻璃并隐藏部件，车灯内部设置红色玻璃材质，如图 4-230 所示。

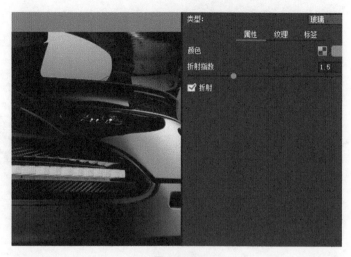

图 4-230

13. 玻璃上凹凸效果通过贴图控制，尾灯中反射材质设置为"石膏"，如图 4-231 所示。

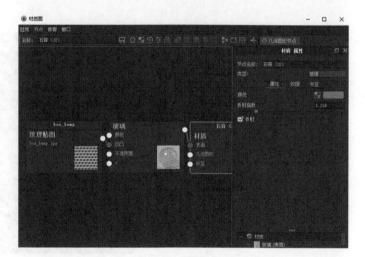

图 4-231

14. 尾灯中发光材质设置类型为"区域光"，如图 4-232 所示。

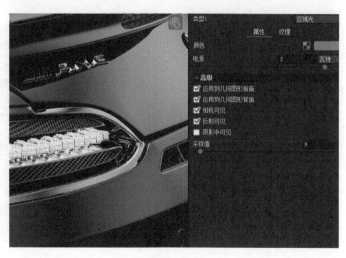

图 4-232

229

15. 前照灯玻璃材质同尾灯玻璃材质一样设置成"玻璃"材质，如图 4-233 所示。

图 4-233

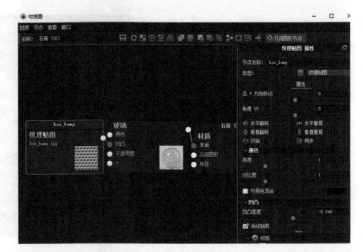

16. 内部玻璃材质同样用凹凸贴图控制凹凸效果，如图 4-234 所示。

图 4-234

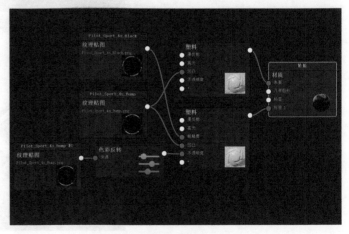

17. 轮胎设置为"塑料"材质，并用贴图分别控制凹凸与标签1，如图 4-235 所示。

图 4-235

图 4-236

18. 轮毂材质设置成 "金属漆" 材质, 如图 4-236 所示。

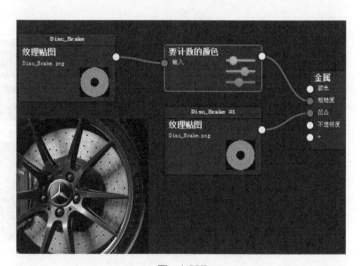

图 4-237

19. 在轮毂材质凹凸上添加拉丝圆形贴图, 凹凸高度设置为 "0.3", 如图 4-237 所示。

图 4-238

20. 双击制动器对象, 设置为 "金属漆" 材质, 基色设置成红色, 金属颜色设置成白色, 如图 4-238 所示。

21. 侧身标志设置金属材质作为底层材质，在金属材质上面再覆盖一层塑料高光渐变材质。用渐变程序链接到塑料的不透明度，将塑料材质层链接到标签 1，这样塑料的高光将覆盖金属材质的高光区域，如图 4-239 所示。塑料材质的折射指数设为"2.53"，用于模拟金属的高反射效果。

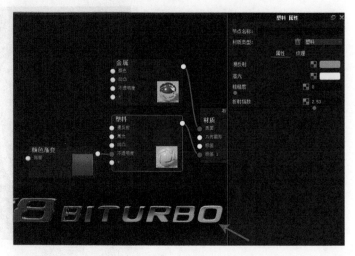

图　4-239

22. 地面设置塑料材质，并用贴图控制表面粗糙度及凹凸纹理，再用一张渐变贴图让地面边缘与背景融合，如图 4-240 所示。

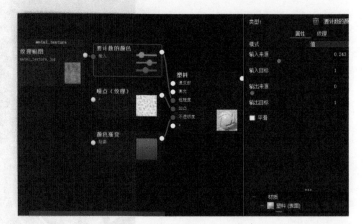

图　4-240

23. 设置照明参数阴影质量为"3"，射线反弹为"24"，打开全局照明，如图 4-241 所示。

图　4-241

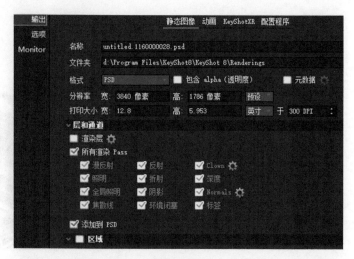

图 4-242

24. 设置渲染输出参数,选择格式"PSD",并将所有渲染层添加到 PSD 中,如图 4-242 所示。

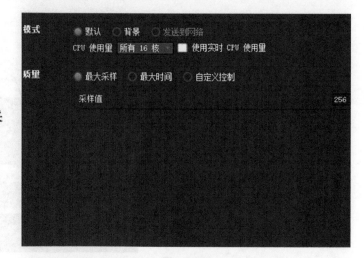

图 4-243

25. 最终渲染出图设置最大采样值为"256",如图 4-243 所示。

26. 渲染完成后打开 PSD 文件,如图 4-244 所示。

图 4-244

图 4-245

27. 利用 clown 层将前照灯位置抠图，并将亮度提高，如图 4-245 所示。

图 4-246

28. 用加深工具给侧身腰线位置加深，让高光看起来更自然，更有层次，如图 4-246 所示。

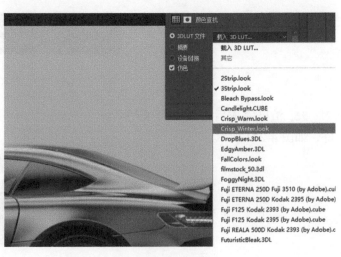

图 4-247

29. 调整完成后添加颜色查找，添加一层冷色滤镜效果，如图 4-247 所示。

图 4-248

30. 对图片进行适当的裁切并加上 LOGO，保存 JPEG 格式出图就完成了，如图 4-248 所示。

## 5.1 动画窗口

KeyShot 动画系统的设计，使运动部件可以很容易做简单的动画，如爆炸动画、旋转动画、相机动画、透明淡化动画等。

KeyShot 动画并不使用传统的关键帧系统创建；相反，它们被应用为单个模型或部件变换动画。多个变换可以被添加到单个的部件中，所有的变换动作都将在时间轴上显示。这些变换可以用交互方式移动和缩放时间线来调整时间和改变动画的总持续时长。图 5-1 为已绑定时间轴的爆炸图动画截图。

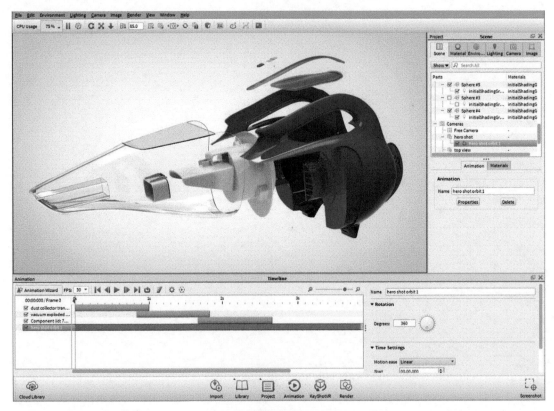

图 5-1

动画向导和时间轴如图 5-2 所示。

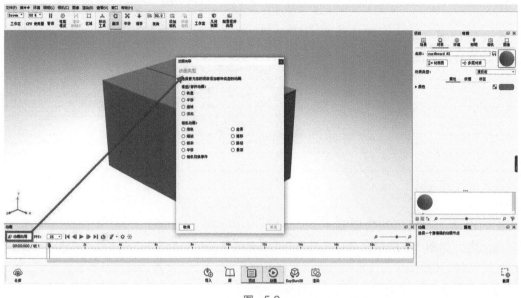

图 5-2

1. 模型 / 部件动画

a. 转盘动画：模型整体自转，如
图 5-3 所示。

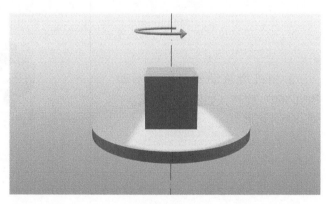

图 5-3

b. 平移动画：模型自身移动，如
图 5-4 所示。

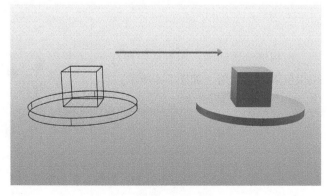

图 5-4

c. 旋转动画：模型自身旋转或绕一个轴旋转，如图 5-5 所示。

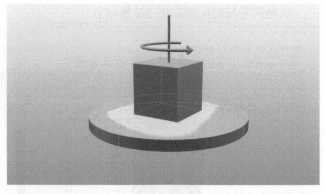

图 5-5

d. 淡出动画：模型从透明到不透明或反之，如图 5-6 所示。

图 5-6

2. 相机动画

a. 相机绕轨动画：模型不动，相机 360° 旋转，如图 5-7 所示。

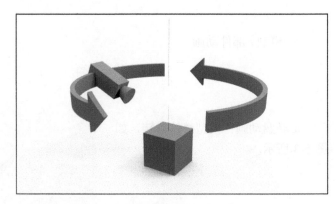

图 5-7

b. 相机全景动画：相机从左到右拍摄全景动画视角，如图 5-8 所示。

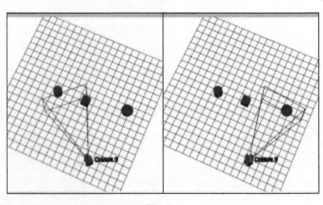

图 5-8

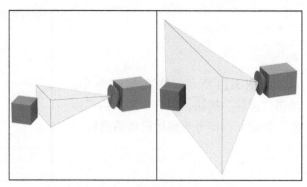

图 5-9

c. 相机缩放动画：相机焦距缩放，模型放大缩小，如图 5-9 所示。

图 5-10

d. 相机推移动画：相机均匀滑动，如图 5-10 所示。

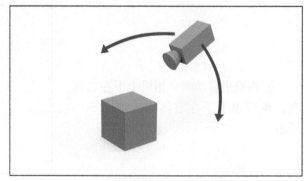

图 5-11

e. 相机倾斜动画：相机角度旋转，面对观众倾斜视角，如图 5-11 所示。

图 5-12

f. 相机路径动画：相机不同位置记录动作组成复杂动画，如图 5-12 所示。

如图 5-13 所示，在几何视窗中，单击"齿轮"按钮，勾选"显示相机视野"复选框，即可观察相机动画路径。

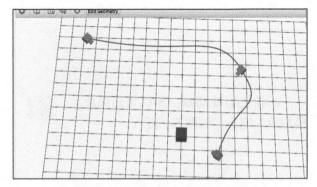

图 5-13

如图 5-14 所示，也可选择相机移动操作轴处理微调路径动画。

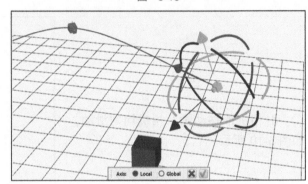

图 5-14

g. 相机平移动画：相机上下左右移动，模型也上下左右移动。如图 5-15 所示。

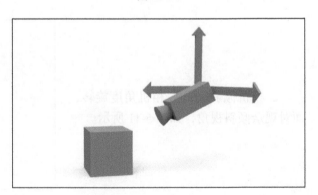

图 5-15

h. 相机景深动画：模型前后层次景深模糊变化，如图 5-16 所示。

图 5-16

i. 相机切换事件动画：相机 1 切换
到相机 2 等复杂相机组合动画切换，如
图 5-17 所示。

图　5-17

3. 动画时间轴（图 5-18）

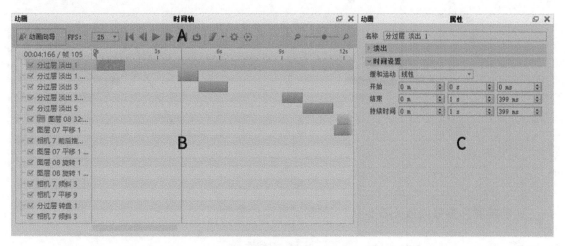

图　5-18

a. 时间轴工具栏（图 5-19）：控制动画类型向导和播放操作动画功能。

图　5-19

b. 时间轴节点管理器（图 5-20）：动画列表和动画时间控制。

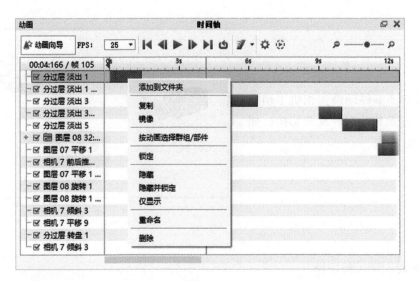

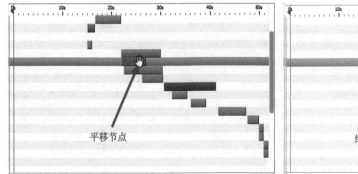

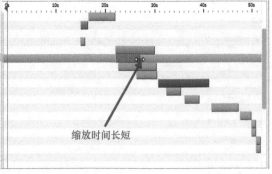

图 5-20

c. 动画属性参数面板（图 5-21）：控制动画运动参数。

图 5-21

## 5.2　动画案例（一）

制作动画模型部件需全部分离单个部件。
下面将制作一个打开的盒子动画案例。

1. 如图 5-22 所示，打开场景文件，选中右图左侧顶部一半的部件，在右侧场景部件右击，选择"动画"中的"旋转"。

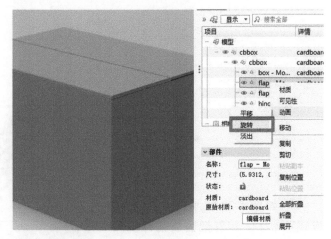

图　5-22

2. 如图 5-23 所示，在动画节点列表显示出该部件旋转动画节点，单击"播放"按钮会发现旋转是绕自身中心旋转的，所以需要指定一个旋转轴。在枢轴点中拾取左侧的旋转轴即可，结束时间为 00：02：520。

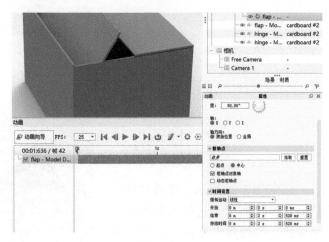

图　5-23

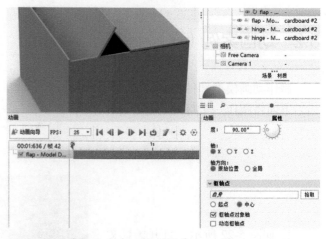

图 5-24

3. 在上图中单击"拾取",找到左侧的旋转轴,单击确定,如图 5-24 所示。

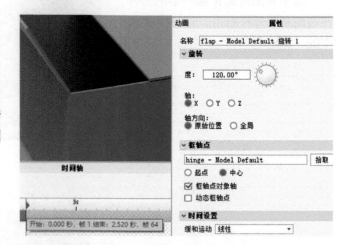

图 5-25

4. 如图 5-25 所示,发现旋转方式正常了,接着把播放指针拉倒 2.520s 处,修改旋转度数为 120°。

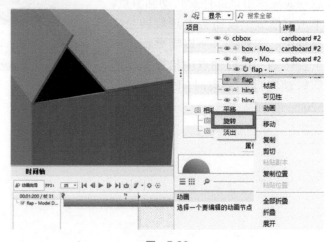

图 5-26

5. 如图 5-26 所示,把播放指针拉倒 00:01:200 处,选取右侧顶部一半部件,在场景中右击,选择"动画"中的"旋转"。

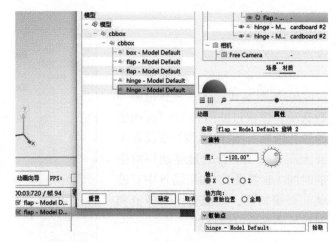

6. 如图 5-27 所示，设置旋转角度为 –120°，在枢轴点中单击拾取，选择右侧旋转轴，持续时间为 00:02:520。

图　5-27

7. 如图 5-28 所示，单击"播放"按钮可以预览动画动作状态，在动画节点列表中，可以选择交互平移或缩放节点，调整到自己满意的状态即可。

图　5-28

8. 单击"渲染"按钮渲染动画，如图 5-29 所示。分辨率为 1024 × 768 或 1280 × 720，太大渲染会很慢。输出的视频或图片序列帧都可以后期合成（切记名称和文件夹路径不能有中文，否则渲染完成后没有动画文件）。

图　5-29

9. 如图 5-30 所示，设置渲染参数选项，像素过滤值为 1.5（画面边缘锐化清晰），采样值和射线反弹不要太高，否则会影响最终动画渲染的时间（非常慢）；如果场景中有玻璃和金属材质，则需要把采样值和射线反弹参数值调高点。

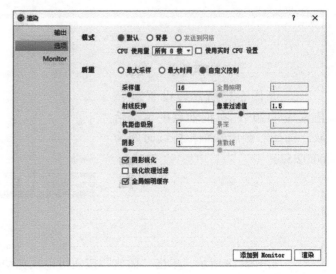

图 5-30

## 5.3 动画案例（二）

如图 5-31 所示，制作一个复杂点的动画案例，这是一个综合节点动作的动画。

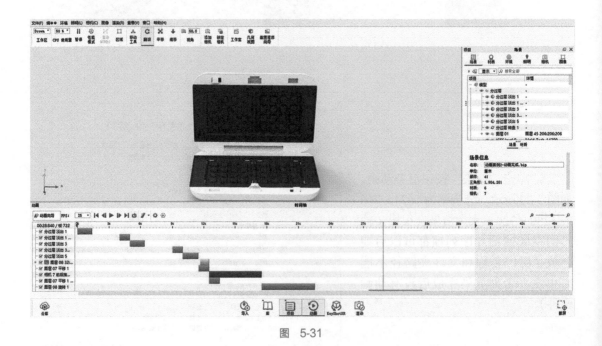

图 5-31

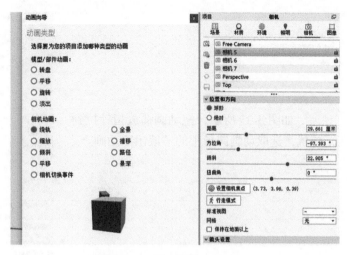

图　5-32

1. 如图 5-32 所示，打开场景文件，在右侧相机选取相机 5 视角，单击"动画向导"，选择"绕轨"动画。

2. 如图 5-33 所示，选取"相机 5"作为绕轨动画相机。

图　5-33

3. 如图 5-34 所示，设置旋转角度为 –30°，缓和运动为"缓出"方式。

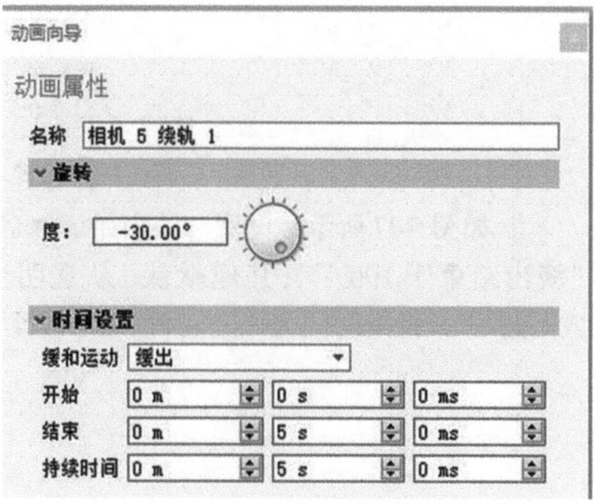

图　5-34

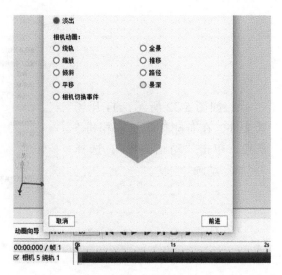

4. 如图 5-35 所示，把动画播放指针拉到 0s 位置，选取动画向导中的"淡出"动画。

图　5-35

5. 如图 5-36 所示，选取"模型"下方的"分过层"的所有部件对象，单击"前进"按钮。

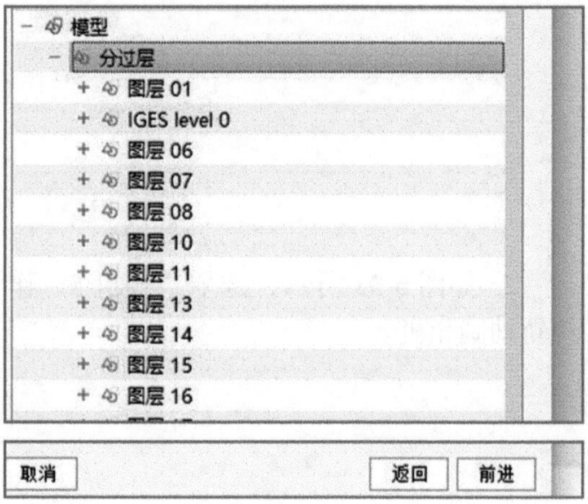

图　5-36

6. 如图 5-37 所示，设置"淡出始于 0%"，"淡出结束于 100%"，其他默认（从透明变成不透明），持续时间为 2s。

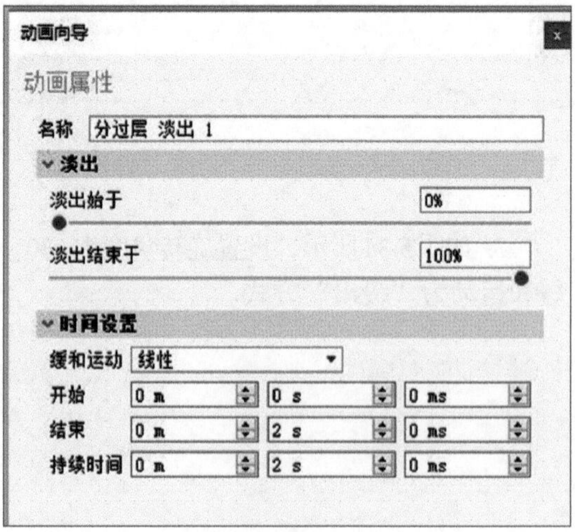

图　5-37

图　5-38

7. 如图 5-38 所示，把播放时间指针拉到 5s 处，单击动画向导中的"相机切换事件"动画，然后单击"前进"按钮，选取"相机 5"。

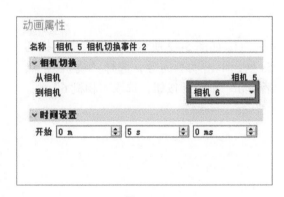

图　5-39

8. 如图 5-39 所示，设置相机切换动作从"相机 5"切换到"相机 6"，开始时间为 5s。

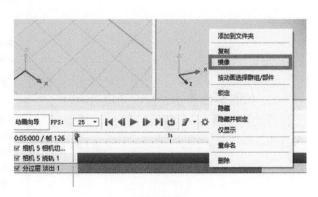

图　5-40

9. 如图 5-40 所示，选取淡出 1 节点动画，右击选择"镜像"。

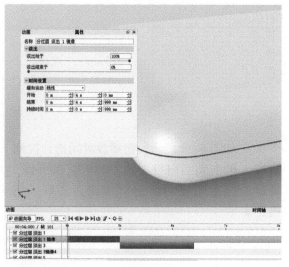

图 5-41

10. 如图 5-41 所示，调整淡出 1 和淡出 1 镜像动画节点，持续时间长度为从 4s 开始，5s 结束。

11. 如图 5-42 所示，将播放指针拉到 5s 处，单击动画向导，选择"绕轨"，然后单击"前进"按钮，选取"相机 6"。

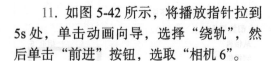

图 5-42

12. 如图 5-43 所示，修改角度为 –30°，缓和运动为"缓出"，开始时间 5s，持续时间为 5s。

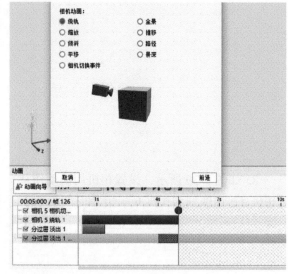

图 5-43

图 5-44

13. 如图 5-44 所示，选取淡出 1 和淡出镜像的节点动画，右击选择"复制"动画。

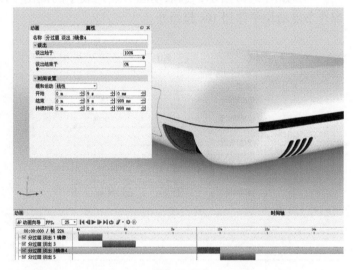

图 5-45

14. 如图 5-45 所示，选取刚刚复制的淡出 3 和淡出 3 镜像 4 动画节点，将动画节点绿色滑块平移到相机 6 绕轨动画节点正下方，对齐时间长度。

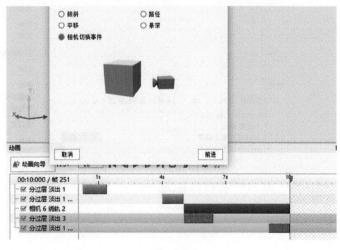

图 5-46

15. 如图 5-46 所示，把播放时间指针拉到 10s 处，单击动画向导中的"相机切换事件"，单击"前进"按钮，选取"相机 6"。

16. 如图 5-47 所示，相机切换动作是从相机 6 切换到相机 7，在开始时间 10s 处切换。

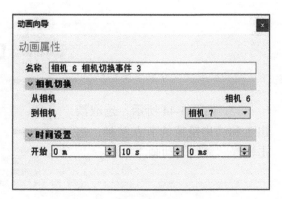

图 5-47

17. 如图 5-48 所示，选取动画节点列表中的淡出 3 动画节点，右击选择复制，并把该绿色节点滑块平移到 10s 起始处。

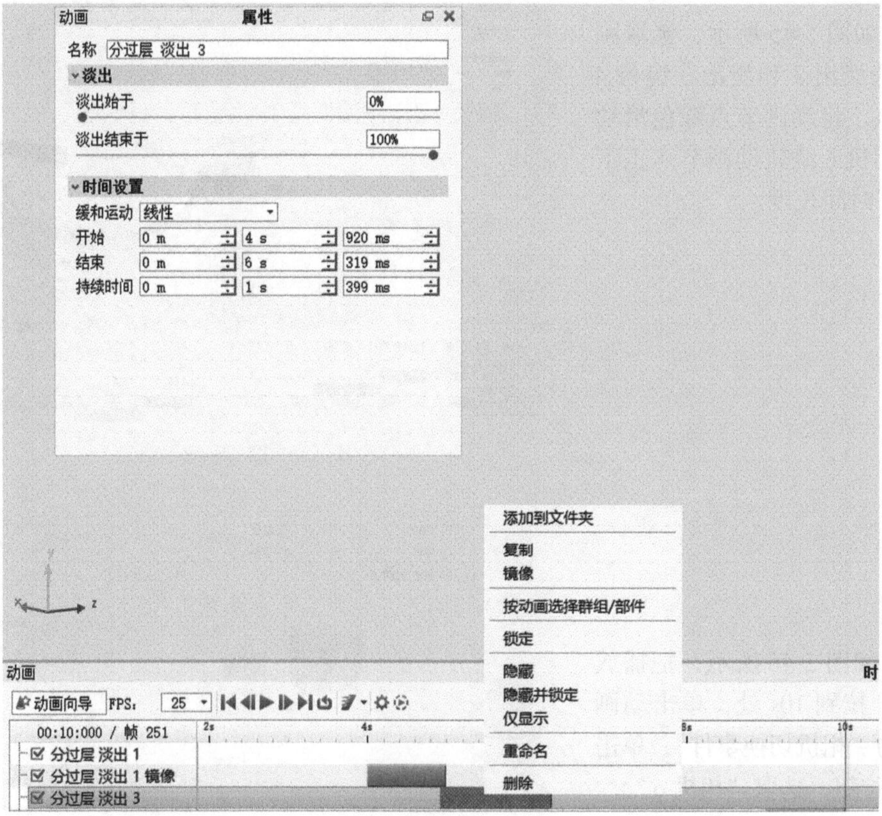

图 5-48

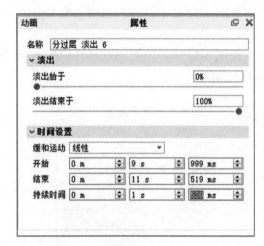

图　5-49

18. 如图 5-49 所示，设置右侧时间参数的持续时间为 1s520ms。

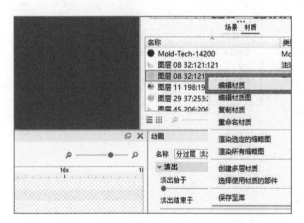

图　5-50

19. 如图 5-50 所示，把播放指针拉到最右绿色滑块 11s520ms 处，在右侧材质下面右击自发光材质，选择"编辑材质"。

图　5-51

20. 如图 5-51 所示，右击自发光材质色彩后面的棋盘格图标，选择动画中的"颜色淡出"动画节点。

21. 如图 5-52 所示，修改右侧颜色为蓝色发光，并设置开始时间为 11s519ms 处，持续时间为 1s。

22. 如图 5-53 所示，把播放指针拉到 12s520ms 处，选取按钮部件，单击动画向导，选择"平移"动画。

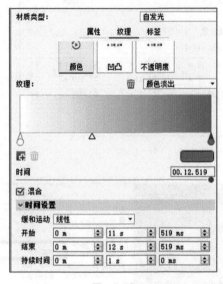

图 5-52

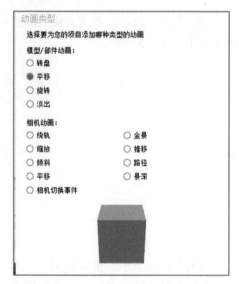

图 5-53

23. 如图 5-54 所示，单击按钮部件，部件动画列表自动显示图层 07 对象，然后单击"前进"按钮。

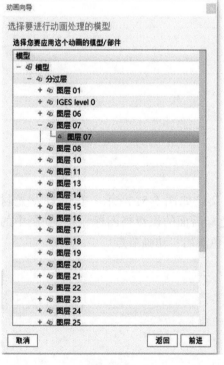

图 5-54

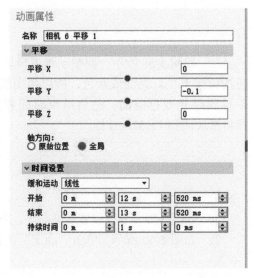

图　5-55

24. 如图 5-55 所示，按钮是向下运动的，所以单击"查看" > "显示坐标图例"，修改 Y 轴距离为"–0.1"。

25. 如图 5-56 所示，右击图层 07 下面的平移动画，选择复制动画。

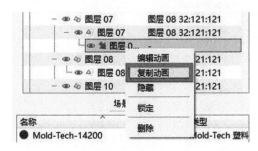

图　5-56

26. 如图 5-57 所示，粘贴已链接动画到图层 29、图层 30、图层 32 等相关联的部件上。

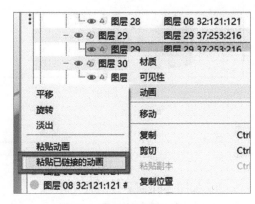

图　5-57

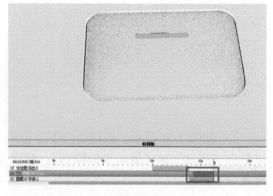

27. 如图 5-58 所示，调整动画逻辑动作，使按钮按下去灯光变成蓝色，所以将图层 01 平移到灯光变色前面，然后结束时间相同，即将滑块调到 12s520ms 处。

图 5-58

28. 如图 5-59 所示，设置动画向导，选择推移动画节点，单击"前进"按钮，选取相机 7。

29. 如图 5-60 所示，单击"确定"按钮，完成相机推移动画。

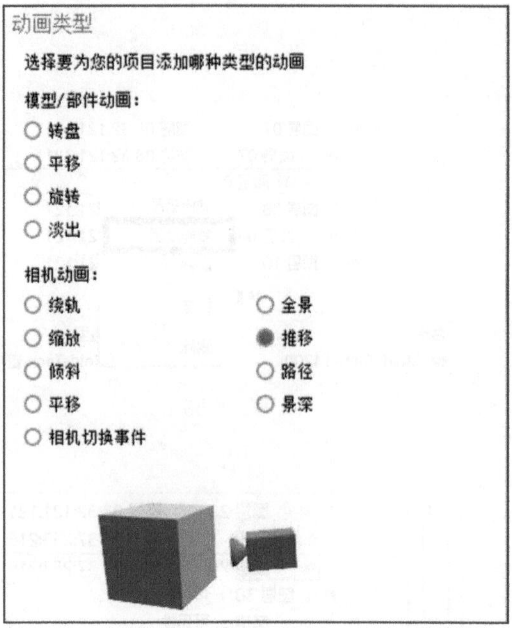

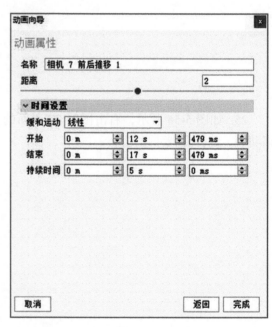

图 5-59

图 5-60

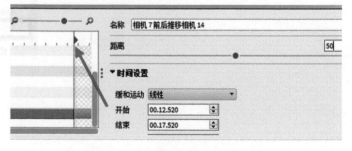

30. 如图 5-61 所示，把播放指针拉到绿色滑块最右侧位置，右侧属性距离参数设置为"50"。

图 5-61

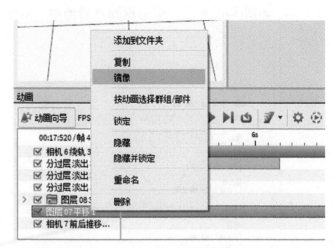

31. 如图 5-62 所示，右击图层 7 平移动画，选择镜像动画，然后将镜像动画滑块平移到相机 7，前后推移的起始时间对齐。

图　5-62

32. 如图 5-63 所示，把播放指针拉到最右侧滑块位置处，单击动画向导，选择旋转动画节点。

33. 如图 5-64 所示，选取白色顶盖部件，部件列表将自动显示选取的顶盖部件，然后单击"前进"按钮。

图　5-63

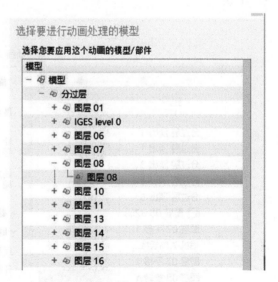

图　5-64

34. 如图 5-65 所示，单击枢轴点后面的"拾取"按钮，选择"图层 11"单击确定完成。

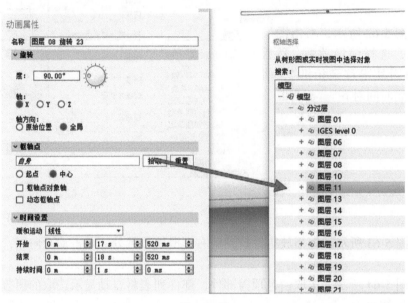

图 5-65

35. 如图 5-66 所示，选取图层 08 旋转 1 动画节点，滑块缩放时长 5s，设置右侧旋转校对 –120°。

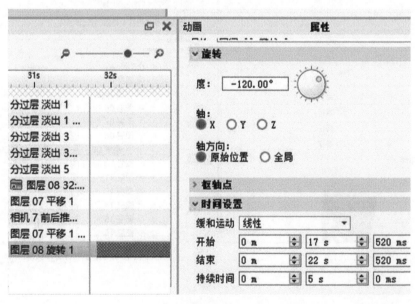

图 5-66

36. 如图 5-67 所示，选取右侧场景中图层 08
旋转 1 动画，右击选择复制动画，并粘贴链接动画
到图层 07、10、15、16、17、18、19、29、30、32
部件上。

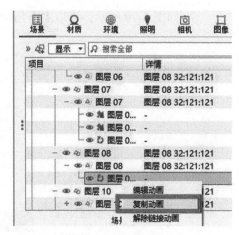

图　5-67

37. 如图 5-68 所示，单击动画向导，选择"转
盘"动画节点，单击"前进"按钮，选择分过层，
再单击"前进"按钮。

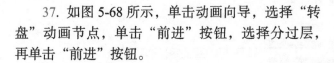

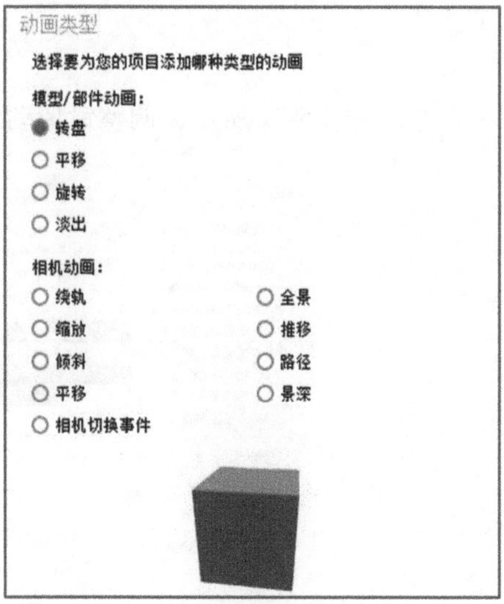

图　5-68

38. 如图 5-69 所示，设置旋转角度为 360°，方
向修改为逆时针。

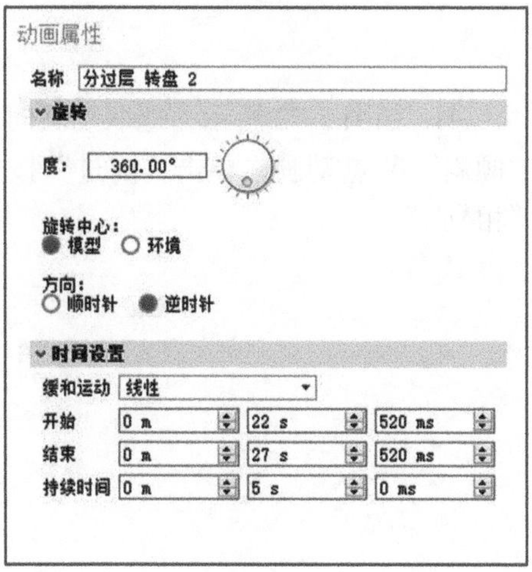

图　5-69

39. 如图 5-70 所示，选取左下角动画节点列表图层 08 右击旋转 1,选择"镜像"动画。

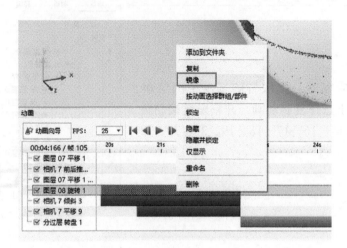

图 5-70

40. 如图 5-71 所示，调整镜像动画节点滑块，移动到图层 08 旋转 1 动画滑块节点后面。

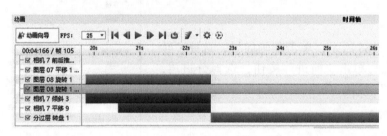

图 5-71

41. 如图 5-72 所示，选取动画向导，选择"倾斜"节点动画，单击"前进"按钮，选择"相机 7"。

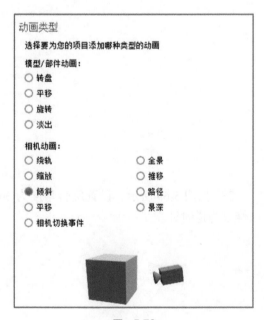

图 5-72

42. 如图 5-73 所示，设置该动画节点滑块右侧属性角度为 45°，完成动画设置。

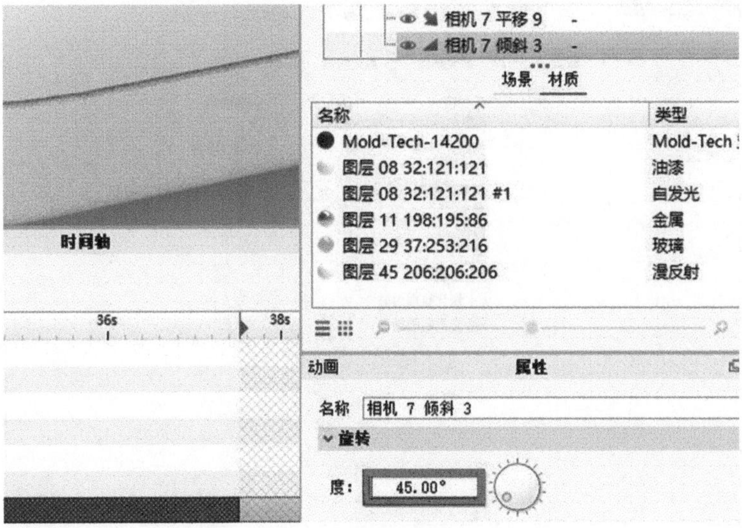

图　5-73

43. 如图 5-74 所示，最终动画结束时，产品顶部面向观者视角。

图　5-74

44. 最终渲图选项如图 5-75 所示。切记不要调节参数过高，否则渲染动画非常缓慢。

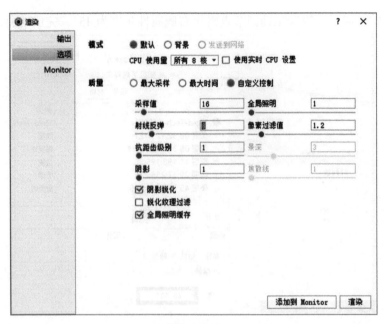

图　5-75

45. 如图 5-76 所示，选择渲染动画设置视频输出或帧输出（输出名称和文件夹不能有中文，否则渲染动画结果什么都没有或崩溃）。视频输出为动画视频格式文件；帧输出为序列帧图片格式文件，需要 AE 后期合成视频。

图　5-76

# 附录　二维码

扫描下方二维码可以欣赏渲染效果图。